"十四五"时期国家重点出版物出版专项规划项目
智能建造理论·技术与管理丛书
一流本科专业一流本科课程建设系列教材

智能建造技术与装备

主　编　张啸尘　邹德芳　张　傲
副主编　佟圣皓　龙彦泽　吴椅钧　陈　璐
参　编　周　鹏　何恩光　刘士明　孟维迎　侯玲玲　孙鸿远
　　　　初少洋　王永吉　王万全　蔡奇锦　宋方兴　邸仲如

机械工业出版社

本书根据智能建造专业的人才培养需求及建筑类高校机械工程专业建筑工业化设备方向的特色培养需求编写。本书共10章，主要介绍智能建造领域内的基础技术及其工程应用，主要分为基础技术篇（第2～6章）和工程应用篇（第7～10章）两部分。基础技术篇主要介绍BIM技术、大数据技术、物联网技术、数字孪生技术、5G技术的概况及智能建造应用场景，工程应用篇主要介绍智能建造工程装备、智能建造设计、智能生产与智慧工厂、智能施工与智慧工地的基本概念及典型工程案例。

本书可作为高等学校智能建造、土木工程、机械工程等专业相关课程的教材，也可作为土建类、机械类行业智能建造从业人员的参考书。

图书在版编目（CIP）数据

智能建造技术与装备 / 张啸尘，邹德芳，张傲主编.
北京：机械工业出版社，2024.10. -- (智能建造理论
·技术与管理丛书)(一流本科专业一流本科课程建设系
列教材). -- ISBN 978-7-111-76766-4

Ⅰ.TU74-39
中国国家版本馆CIP数据核字第2024AR8134号

机械工业出版社（北京市百万庄大街22号　邮政编码100037）
策划编辑：林　辉　　　　　　责任编辑：林　辉　马军平
责任校对：闫玥红　刘雅娜　　　封面设计：张　静
责任印制：常天培
北京机工印刷厂有限公司印刷
2024年10月第1版第1次印刷
184mm×260mm・12.25印张・286千字
标准书号：ISBN 978-7-111-76766-4
定价：49.00元

电话服务　　　　　　　　网络服务
客服电话：010-88361066　　机　工　官　网：www.cmpbook.com
　　　　　010-88379833　　机　工　官　博：weibo.com/cmp1952
　　　　　010-68326294　　金　书　网：www.golden-book.com
封底无防伪标均为盗版　机工教育服务网：www.cmpedu.com

前　言

随着科技的发展，智能化已经成为各个领域的发展趋势，在建筑业中，以 BIM、数字孪生、人工智能、物联网、大数据等为代表的新一代信息技术，正逐渐融入并改变着传统的建筑方式，同时推动了新一轮的建造技术的创新革命，也推动着建筑业的现代化进程。我国对建筑品质、建设效率的要求不断提高，建设开发区域不断扩大，现代化、工业化、智能化建造需求不断增加，迫切需要我们在工程建设中不断探索多学科交叉融合的新技术，来满足建筑业的发展需求。因此，以新一代信息技术和工程建设有机融合的智能建造技术，成为我国建筑业高质量发展的重要依托。

现阶段，我国积极推动智能建造与建筑工业化、数字化、智能化协同发展，打造"中国建造"升级版，加快迈入智能建造世界强国行列的步伐。《"十四五"建筑业发展规划》《关于推动智能建造与建筑工业化协同发展的指导意见》《关于公布智能建造试点城市的通知》等一系列对于管理方式的变革、绿色经济发展的指导、新基建政策的引导政策，为智能建造的发展带来了新的机遇。

国务院印发的《新一代人工智能发展规划》明确要求，加快培养智能建造领域中的科技人才和专业团队。当前，开设智能建造专业的院校已有 150 余所，并且还在不断增加，对涵盖智能建造相关知识体系的教材有着十分迫切的需求。

本书主要介绍以智能建造领域内的基础技术及其工程应用，主要分为基础技术篇和工程应用篇两部分，共 10 章。第 1 章为绪论，主要介绍了智能建造相关技术的概念和发展情况；第 2~6 章分别介绍了 BIM 技术、大数据技术、物联网技术、数字孪生技术和 5G 技术的相关概念、发展现状、技术特点及其部分工程应用；第 7 章介绍了智能建造工程装备的概述和部分工程应用实例；第 8 章介绍了智能建造设计的相关概念及其相关设计的工程应用情况；第 9 章介绍了智能生产与智慧工厂的典型设备和案例，并简述了智能生产技术发展的现状和趋势；第 10 章介绍了智能施工与智慧工地的概念及部分典型智能建造案例。

在本书的编写过程中，工程应用案例和先进工程装备的介绍参考了博智林机器人有限公司、德国艾巴维公司、河北雪龙机械制造有限公司、德州君科数控设备有限公司等国内外相关企业的设备，也参考了国内外智能建造相关领域的诸多文献，在此向相关企业及文献的作者深表感谢。本书获沈阳建筑大学校级质量工程教材出版资助。

限于编者的水平，书中疏失之处在所难免，恳请读者批评指正。

编　者

目 录

前言
第1章 绪论 ········· 1
1.1 智能建造的"前世今生" ········· 1
1.2 装配式建造技术及装备 ········· 4
1.3 数字建造技术及装备 ········· 20
1.4 智能建造技术及装备 ········· 23

基础技术篇

第2章 BIM技术与应用 ········· 30
2.1 BIM概述 ········· 30
2.2 BIM技术的国内外发展现状 ········· 30
2.3 BIM技术的特点 ········· 37
2.4 BIM技术在智能建造中的应用 ········· 39
第3章 大数据技术与应用 ········· 47
3.1 大数据技术概述 ········· 47
3.2 大数据技术的国内外发展现状 ········· 48
3.3 典型的大数据技术 ········· 49
3.4 大数据在智能建造中的应用 ········· 56
第4章 物联网技术与应用 ········· 61
4.1 物联网技术概述 ········· 61
4.2 物联网技术的国内外发展现状 ········· 65
4.3 典型的物联网技术 ········· 68
4.4 物联网技术在智能建造中的应用 ········· 74
第5章 数字孪生技术与应用 ········· 77
5.1 数字孪生概述 ········· 77
5.2 数字孪生技术的国内外发展现状 ········· 83
5.3 数字孪生技术概况 ········· 88
5.4 数字孪生技术在智能建造中的应用 ········· 90

第 6 章 5G 技术与应用 ………………………………………………………… 105
6.1 概述 ……………………………………………………………………… 105
6.2 国内外发展现状 ………………………………………………………… 108
6.3 5G 技术概况 …………………………………………………………… 111
6.4 5G 技术在智能建造中的应用 ………………………………………… 114

工程应用篇

第 7 章 智能建造工程装备 ……………………………………………………… 120
7.1 智能建造工程装备概述 ………………………………………………… 120
7.2 典型智能建造工程装备的应用 ………………………………………… 121

第 8 章 智能建造设计 …………………………………………………………… 124
8.1 智能建造设计概述 ……………………………………………………… 124
8.2 标准化设计 ……………………………………………………………… 126
8.3 参数化设计 ……………………………………………………………… 129
8.4 基于 BIM 的性能化设计 ……………………………………………… 132
8.5 基于 BIM 的协同设计 ………………………………………………… 135
8.6 BIM 设计智能化 ……………………………………………………… 138

第 9 章 智能生产与智慧工厂 …………………………………………………… 141
9.1 智能生产概述 …………………………………………………………… 141
9.2 智能生产技术流程及典型案例 ………………………………………… 144
9.3 混凝土预制构件自动生产线关键设备及典型案例 …………………… 149
9.4 智能生产技术发展现状及趋势 ………………………………………… 153

第 10 章 智能施工与智慧工地 …………………………………………………… 156
10.1 智能施工与智慧工地概述 …………………………………………… 156
10.2 智能施工与智慧工地装备 …………………………………………… 164
10.3 智能施工与智慧工地项目典型案例 ………………………………… 179

参考文献 …………………………………………………………………………… 188

第 1 章

绪 论

■ 1.1 智能建造的"前世今生"

1.1.1 智能建造的概念

智能建造（Intelligent Construction）是现代信息技术与工程建造技术深度融合，实现工程建造全过程各环节数字化、网络化和智能化的新型建造方式。实施智能建造，能够形成数据驱动下的工程项目设计、生产、施工一体化的建造与服务新模式，能够实现工程建造全过程数字化模拟、感知、记录、协同，能够提升建造品质、缩短工期、节约资源、控制成本。智能建造是建筑业供给侧结构性改革的重要内容，是建筑业转型升级的重要手段，是绿色发展、创新发展的重要举措。

智能建造中，"智能"是指通过运用以建筑信息化模型（Building Information Modeling，BIM）技术为核心的信息技术，提升设计、施工、运营维护环节的信息化、智能化水平，提高效率和质量，降低成本和能耗，实现设计、施工、运营维护环节的集成。智能建造概念如图 1.1 所示，"建造"为专业的应用对象，指房屋、道路、桥梁、隧道等各类建筑物的建造生产。智能建造集成人工智能、数字制造、机器人、大数据、物联网、云计算等先进技术，确保建筑物生命周期全链条的各阶段、各专业、各参与方之间的协调工作，实现智能化设计、数字化制造、装配式施工和智能化管理。

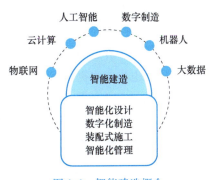

图 1.1 智能建造概念

1.1.2 智能建造的特点

智能建造的特征在于它集成了建筑的设计拆分、构件的制备运输及建筑的安装搭建整个完整技术流程，并且全过程由智能化系统完成。在设计过程中，涉及数据采集、智能分析、建筑理论等技术；在生产过程中，涉及生产线、制备装备、智能控制、质量管理等技术；在运输过程中，涉及运输装备、混合动力、物联网、智能规划等技术；在现场安装过程中，涉及装配工艺、装配装备、精度控制等技术。智能建造涵盖了整个建筑的生命周期，包括设计、施工、维护管理等，涉及多个子体系，包括建筑体系、结构体系、施工装备体系、运维管理体系等。智能建造包含多个集成子系统：智能设计与规划、智能装备、智能运营和管理等，其中智能设计和智能装备在整个智能建造系统中占据主导地位。

智能建造充分利用各种先进技术手段，使工程项目全生命周期的各个环节高度集成，对不同主体的个性化需求做出智能反应，为不同阶段的使用者提供便利。借助各项先进技术发展起来的智能建造技术，作为提高建筑项目生产效率的新技术，有图 1.2 所示特点。

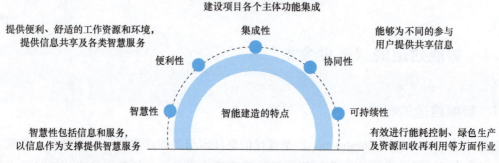

图 1.2　智能建造的特点

（1）智慧性　主要体现在信息和服务这两个方面，智慧性以信息作为支撑，每个工程项目都包含巨量的信息，需要感知获取各类信息的能力、储存各类信息的数据库、高速分析数据能力、智慧处理数据能力等，而具备信息条件后，通过技术手段及时为用户提供高度匹配、高质量的智慧服务。

（2）便利性　智能建造以满足用户需求为主要目标，在工程项目建设过程中，需要为各参与方提供便利、舒适的工作资源和环境，提供信息共享及各类智慧服务，使得工程项目能够顺利完成，也为业主提供满意的建筑功能需求。

（3）集成性　主要是指将各类信息化技术中互补的技术集成及将建设项目各个主体功能集成这两个方面。智能建造的技术支持涵盖了各类信息化技术手段，而每种信息化技术手段都有独特的功能，需要将每种技术手段联合在一起，实现高度集成化。

（4）协同性　通过运用物联网技术，将原本没有联系的个体与个体之间相互关联起来，相互协作，构建智慧平台的神经网络，从而能够为不同的参与用户提供共享信息，增进不同用户间的联系，有效避免信息孤岛情况，达到协同工作的效果。

（5）可持续性　智能建造完全契合可持续性发展的理念，将可持续性融入工程项目整个生命周期的每一个环节中。采用信息技术手段，有效进行能耗控制、绿色生产、资源回收再利用等方面作业。可持续性不仅满足了节能环保方面的要求，还满足了包括社会发展、城市建设等方面的要求。

1.1.3　智能建造体系

智能建造技术涉及建筑工程的全生命周期，主要包括智能规划与设计、智能生产、智能施工、智能运维与服务四个模块。主要技术有 BIM 技术、物联网技术、3D 打印技术、人工智能技术、云计算技术和大数据技术，不同技术之间既相互独立又相互联系，搭建了整体的智能建造技术体系。

智能建造技术的发展在国外已经得到了普遍推广与应用，在国内也正处在推广应用的火热阶段，这个技术体系分为四个阶层，如图 1.3 所示。

1）第一层是基础技术，主要包括新材料、信息通信技术和生物技术等通用技术。这一层既是上层技术的支撑技术，也为更高级的技术提供了技术支持。

2）第二层是设备、设施技术，主要包括传感器、3D 打印、工业机器人等智能建造装备和方法。这一层是让建筑建造过程中更加智能化的关键。

图 1.3　智能建造技术体系

3）第三层是广泛应用了智能制造装备的智能工厂，在这一层可实现将大部分建造工作放到智能工厂中完成，如建筑所使用的构件可通过智能装备和智能建造技术在智能工厂中更快更好地制作完成，再运往现场施工。这一层是智能建造优势的重要体现；

4）第四层是处于智能建造技术系统最高层次的数字互联网系统及产业互联网。这一层是真正系统层面的应用。

1.1.4　智能建造的发展

智能建造的核心是利用智能技术和智能系统来优化建造流程、提高建造效率和质量。在我国的建筑历史上，智能建造历程如图 1.4 所示。智能技术应用的开始，可以从 20 世纪 70 年代末，计算机开始用于建筑工程的结构计算算起；在 80 年代，建筑行业开始应用计算机辅助设计（CAD）技术；到 90 年代，计算机开始用于施工管理，而且作为人工智能的分支，专家系统开始在建筑行业中应用；而计算机在运维管理中的应用是 21 世纪以后的事。智能建造技术在我国尚处于起步状态，目前主要是通过引进国外核心技术，学习国外先进企业的创新建造技术来加快国内智能建造技术的发展，因此缺少基础技术的理论支持及理论上更深层次的探讨。所以寻求核心关键技术的突破和各技术之间的融合发展是我国智能建造技术发展的关键，开拓全新的技术领域，打造符合我国发展的智能建造技术体系和完善技术创新方案是我国智能建造技术发展的根本。

近年来，我国智能建造技术及其产业化发展迅速并取得了较显著的成效。但是，国外发达国家的先进技术依旧引领着该领域发展的整体方向。相比之下，我国智能建造技术仍然存在着较突出的矛盾和问题。

智能建造技术的发展必将为建筑行业带来革命性的变化，现有应用从设计阶段的 BIM 技

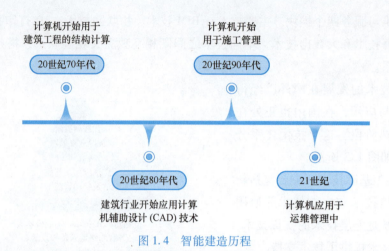

图 1.4　智能建造历程

术到施工阶段的物联网技术、3D 打印技术、人工智能技术，再到运维阶段的云计算技术和大数据技术虽有不同程度的涉及，但随着智能建造技术深入发展，新一代信息技术增多、应用点广且过于繁杂，只有做好程序化、标准化应用才能达到理想的效果。多种技术的融合应用将会成为今后智能建造技术在建筑行业应用的重点。

1.2　装配式建造技术及装备

1.2.1　装配式建造技术概述

装配式建造技术是装配式建筑在建造全生命周期所产生和应用的各类技术的统称。装配式建筑是指建筑所需构件及配件预制化生产、现场装配式安装建造的建筑生产方式。与传统建筑相比，装配式建筑采用标准化设计、工厂化生产、装配化施工、信息化管理、智能化应用，装修可随主体施工同步进行，施工过程高效且节能环保，具有较大节省资源的优势。

装配式建造技术包括标准化设计技术、工厂化预制技术、装配化施工（包括主体施工、机电安装及装饰装修）技术及信息化管理技术，这些技术有机集成、协同作用，共同影响装配式建造的成本、进度、质量和安全，实现对传统建造方式的变革与升级。

装配式建造技术与传统建造技术对比，有优势，也有不足，如图 1.5 所示。

与传统建造技术相比，装配式建造技术具有以下优势：

（1）建造效率高　装配式建造技术中，通过在施工现场安装定型化和标准化的预制构件实现建筑的建造，这些预制构件可以通过高度机械化和半自动化的预制生产线进行工业化生产，现场安装也可充分利用现代化的机械系统和先进的生产技术，因此，有效提升了施工效率和节约了施工时间。例如，法国传统建造方式的工时为 $20h/m^2$，在应用了装配式建造技术后，工时下降到 $11.5h/m^2$。

（2）建设工期短　传统建造技术是在现场按各建造工序依次逐一施工，在一道工序完成后再转入下一道工序，因此建设周期长，并且容易因为某一工序的衔接不善或拖延而造成建设周期的增加。装配式建造技术应用预制化生产的构件，各构件的生产可同时进行，施工现

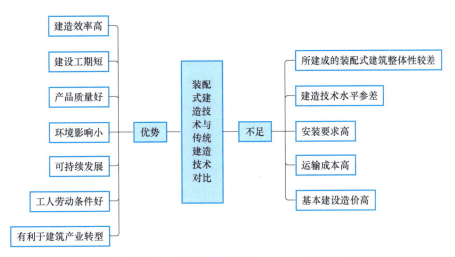

图 1.5 装配式建造技术与传统建造技术对比

场的工作量大大减少,也降低了管理、环境、设施等对施工周期的影响。例如,日本的某一五层住宅,若采用传统建造技术,其建设工期为240d,而采用装配式建筑的建造技术,建设工期仅为180d,建设工期缩短了25%。

(3) 产品质量好 预制构件工厂化、标准化生产,可以避免现浇施工的不稳定因素,避免施工上的转包行为,质量易于控制。经调查统计,预制混凝土工厂生产的混凝土强度变异系数为7%,而施工现场现浇的混凝土强度变异系数为17%,因此,预制工厂生产的混凝土在强度、密实性、耐久性、防水性等方面都比现浇混凝土更有保证。

(4) 环境影响小 工厂制作预制构件时可以严格控制废水、废料和噪声污染,现场安装时湿作业少,施工工期短,现场材料堆放少,这都减少了对施工现场及周围环境的污染,在一些跨越交通线的工程中,采用预制构件几乎不对既有交通造成影响。

(5) 可持续发展 预制构件通过严格的设计和施工,可大大减少材料消耗。与现浇混凝土结构相比,预制混凝土结构可节省55%的混凝土和40%的钢筋用量,同时工厂可以大量利用废旧混凝土、矿渣、粉煤渣、工业废料等原料来生产预制产品。另外,装配式结构的拆除相对容易,一些预制构件可以在修复后重复利用,由此促进了社会的可持续发展。

(6) 工人劳动条件好 在工厂中生产预制构件多采用机械化和自动化的生产设备,工人劳动条件好于现场施工方式;现场安装阶段多采用机械化的施工方式,极大地降低了工人的劳动强度。

(7) 有利于建筑业转型 装配式建造技术使用了大量的自动化、机械化设备,对于建筑业从手工业到工业化进行产业转型有极大的促进作用,将提高行业的生产效率,减少对人力资源和自然资源的消耗。

与传统建造技术相比,装配式建造技术主要具有以下不足:

(1) 所建成的装配式建筑整体性较差 装配式建造技术需要通过精心设计的连接节点实现预制构件的拼装,还需要通过现浇实现拼接处的固定,相较于传统建造技术的一体化浇筑和框架结构,装配式建造技术所建成的装配式建筑较容易出现结构整体性和冗余度差的问题。

在过去发生的几次地震中发现，部分装配式建筑的破坏严重。例如，在1976年的唐山大地震中，装配式结构几乎全部倒塌，1988年苏联阿美尼亚地震中装配式混凝土结构也遭受了极为严重的破坏。装配式建筑的抗震问题在一定程度上限制了其在地震区的推广应用。

（2）建造技术水平参差　装配式建造技术既缺乏完善的规范和质量管理标准，也缺乏足够的设计与施工经验。一般结构工程师比较熟悉传统建筑结构的设计方法，对装配式建筑结构的设计方法、特点和构造尚不熟悉，从业人员在设计、制造、施工和运输方面均缺乏相关的理论知识和设计施工经验。有预制混凝土行业的调查表明：缺乏熟练的装配式结构设计人员和施工技术人员是限制装配式建造技术发展和装配式建筑推广应用的一个重要原因。

（3）安装要求高　由于装配式建造技术中采用的是工厂化生产预制构件，所使用的预制构件尺寸固定，所以在现场安装中如果施工放线尺寸偏小，将使预制构件无法安装；如果放线尺寸偏大，则构件又会造成拼缝偏大的现象。同时，在现场施工时，楼层标高也要控制好，不然极易造成楼板安装得不平整或是楼板与墙体之间出现拼缝，给现场拼装施工带来困难，甚至影响结构安全。

（4）运输成本高　装配式建造技术中使用的预制构件，在制作后需运输到现场安装，需要大型运输设备，相比传统建造技术增加了运输成本。所以，工程方通常与施工现场附近的预制构件工厂合作，避免长途运输。对运输成本极高的大尺寸构件也可以在施工现场预制。但这种情况下预制构件的质量和生产效率无法得到保证。

（5）基本建设造价高　装配式建造技术的推广必须要先建设预制构件工厂，初期投资大、在运输和安装过程中需要大型的运输和安装设备，并且需要一大批有着较高装配式建造技术水平和丰富施工经验的工程师和施工人员，提高了装配式建造技术和装配式建筑发展和推广的门槛。有调查表明：一半以上的承包商认为，采用预制混凝土并不能降低工程造价，这也是限制装配式建造技术和装配式建筑推广和应用的原因。

装配式建造技术作为一种相对高新的建造技术，与传统建造技术相比，在发展初期存在缺点也正常。相信随着装配式建筑的不断发展，相关的技术规范与标准逐渐完善，安装、运输机械化水平提高及越来越多的预制构件厂出现等，装配式建造技术也愈发成熟可靠，将会成为一种安全、快速、常用的建造技术，具有长久的生命力与竞争优势。

1.2.2　装配式建造技术起源

装配式建造技术起源于欧洲，后由美国、日本等国家引进并发展，装配式建造技术发展历程如图1.6所示。

在17世纪初，英德等发达国家就开始了建筑工业化道路的探索，在长期的工程建设中积累了大量预制建筑的设计施工经验，这就是装配式建造技术的起源。1875年6月11日，英国人William Henry Lascell获得英国2151号发明专利"Improvement in the Construction of Buildings"（LettersPaten，1575），提出了预制混凝土构件的建筑方案，标志着预制构件的诞生和装配式建造技术的起源。在2151号发明专利中，Lascell提出了在结构承重骨架上安装预制混凝土墙板的建造技术，该建造技术可用于别墅和乡村住宅的建设。采用这种干挂预制混凝土墙板的建造技术可以降低住宅和别墅的造价并减少施工现场对熟练建筑工人的需求。后来Lascel还

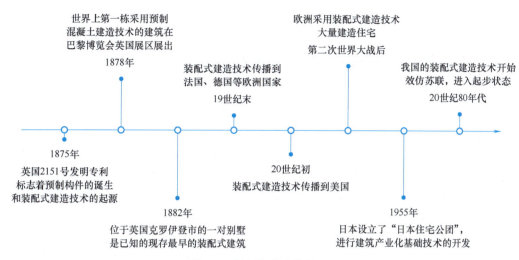

图 1.6　装配式建造技术历程

提出了采用预制构件制造的窗框来代替传统的木窗框的想法并进行了造价比较，结果发现采用这种预制构件窗框比传统木制窗框更经济。

1878 年，巴黎博览会英国展区展出了一栋采用预制混凝土墙板作为墙体的临时别墅。这也被认为是世界上第一栋采用预制混凝土建造技术的建筑。这栋别墅采用木结构作为承重骨架，墙体为预制混凝土墙板，用螺栓固定在木结构承重骨架上，外墙表面模仿了红砖材质，不过这栋建筑在博览会结束后就被拆除了。

目前已知的现存最早的应用装配式建造技术的装配式建筑是建于 1882 年位于英国克罗伊登市 Sydenham 大街 226 号和 228 号的一对别墅。这两栋建筑同样采用螺栓将预制混凝土墙板固定在木结构骨架的方式，由木结构骨架和预制混凝土墙板、楼板拼装而成的。1890 年在英国萨里建成的 Weather Hill Cottage 也采用了 Lascell 提出的预制混凝土建筑体系和相关的装配式建造技术。

早期装配式建造技术的典型代表是 Lascell 建造体系，使用的是预制混凝土墙板和预制混凝土楼板固定在木结构、现浇混凝土结构或钢结构等主体结构上的技术方案。当时的预制混凝土墙板只起到围护、分隔作用，只承受自重和水平风荷载。19 世纪末，装配式建造技术传播到法国、德国等欧洲国家。20 世纪初，装配式建造技术又传播到美国。因为预制混凝土采用工业化的生产方式，符合资本主义工业化大生产的要求，再加上这些国家处在大发展时期，所以装配式建造技术在这些国家中得到了迅速的发展。其中，法国对配筋预制构件技术的发展做出了较大的贡献，美国对预应力与预制构件技术的结合起到了积极的推动作用。

第二次世界大战后，由于战后大规模重建的需求和劳动力匮乏，预制构件特有的工业化生产方式符合了当时的需求，装配式建造技术在欧美各国得到了广泛应用。欧洲一些国家采用装配式建造技术建造了大量住宅，这些住宅甚至至今仍存在。

与此同时，战后的日本为了医治战争创伤，为流离失所的人们提供保障性住房，1955 年设立了"日本住宅公团"，以此为主导，组织学者、民间技术人员共同进行了建筑产业化基础技术的开发，逐步向全社会普及工业化建造技术，使得装配式建造技术在工业化、产业化方向迈出了第一步。

同时，东欧社会主义国家的装配式建造技术也得到了迅速发展。装配式建造技术的应用涵盖了大多数建筑领域，包括住宅、办公楼、工业厂房、仓库、公共建筑、体育建筑等。东欧国家发展了很多新型的装配式建造技术及建造方案，如盒子建筑、预制折板、预制壳等。我国的装配式建造技术是在20世纪80年代从效仿苏联开始起步的。

1.2.3 装配式建造技术国内外发展现状

1. 美国装配式建造技术发展

美国的建筑业相当发达，在20世纪70年代能源危机期间，美国开始装配式建造技术的应用，并且当时的美国城市发展部出台了一系列的行业标准和规范，一直与美国建筑体系发展逐步融合，不断更新发展，沿用至今。基于装配式建造技术的应用，美国城市住宅结构基本上以装配式混凝土和装配式钢结构为主，不仅降低了建设成本，还提高了通用性和施工的可操作性。

美国的装配式建造技术经过漫长发展，已经逐渐向各个方向多角度发展，美国装配式建造技术的发展历程如图1.7所示。

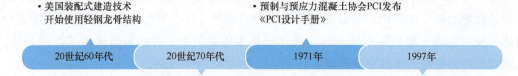

图1.7 美国装配式建造技术的发展历程

1965年轻钢结构在美国仅占建筑市场的15%，1990年上升到53%，2000年达到75%。目前美国的钢框架小型住宅已经达到20万幢，别墅和多层住宅大都采用轻钢结构。在发展过程中由传统的木结构建造技术发展到钢结构建造技术。20世纪60年代，美国装配式建造技术开始发展到使用轻钢龙骨结构进行建造。1997年美国发布《住宅冷成型钢骨架设计指导性方法》，给轻钢龙骨体系的装配式建造技术提供了全面指导。同时，美国的预制装配式混凝土标准规范也获得了很大的发展。总部位于美国的预制与预应力混凝土协会PCI编制的《PCI设计手册》，就包括了装配式建造技术相关的部分。该手册不仅在美国，在国际上也具有非常广泛的影响力。从1971年的第1版开始，《PCI设计手册》已经修订到了第7版，该手册与IBC2006ACI318-05、ASCE7-05等标准协调。除了《PCI设计手册》外，PCI还编制了一系列的技术文件，为装配式建筑技术提供了包括设计方法、施工技术和施工质量控制等方面的参考标准。

1997年，美国统一建筑规范允许在高烈度地震区使用装配式建造技术进行施工，前提是所建造的建筑必须经过试验和分析，证明该建筑结构在强度、刚度方面具有甚至超过相应传统建造技术建造的现浇混凝土结构。美国成功将装配式建造技术应用于住宅、工业、文化及体育建筑等领域，如亚利桑那州的菲尼克斯会议中心、费城的警察大楼、北卡洛林娜州 JL 金融中心等。

总的来说，美国住宅建设具有各产业协调发展、劳动生产率高、产业聚集、要素市场发达、国内市场大等特点，这直接影响了住宅建设的方式和水平。美国的住宅用构件和部品的标准化、系列化、专业化、商品化、社会化程度很高，几乎达到100%。这不仅反映在主体结构构件的通用上，而且反映在各类制品和设备的社会化生产和商品化供应上。除了工厂生产的活动房屋成套供应的木框架结构的预制构配件，其他混凝土构件和制品、轻质板材、室内外装修及设备等产品十分丰富，品种达几万种。用户可以通过产品目录，从市场上自由买到所需的产品。这些构件的特点是结构性能好、用途多、通用性强，也易于机械化生产。由此可见，美国的装配式建造技术逐渐带动了一系列相关基础配套产业的发展，可以说这一技术已经发展得相对全面和成熟。

现在美国每 16 个人中就有 1 个人居住的是应用装配式建造技术建造而成的工业化住宅。在美国，应用装配式建造技术建造而成的工业化住宅已成为非政府补贴的经济适用房的主要形式。因为其成本还不到传统建造技术建造的非工业化住宅的一半。在低收入人群、无福利的购房者中，工业化住宅是住房的主要来源之一。

2. 欧洲装配式建造技术发展

欧洲装配式建造技术的发展历程如图 1.8 所示。法国于 1891 年就开始使用装配式建造技术，迄今已有 130 多年的历史。法国装配式建造技术以应用混凝土结构建造为主，钢、木结构建造为辅，多采用框架或板柱进行建造，并逐步向大跨度方向发展。

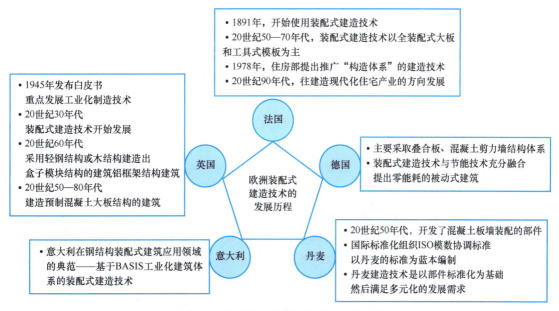

图 1.8　欧洲装配式建造技术的发展历程

早在 20 世纪 50—70 年代，法国就使用了以全装配式大板和工具式模板为主的装配式建造技术，到了 20 世纪 70 年代又开始向"第二代装配式建造技术"过渡，主要加入了生产和使用通用构配件和设备等技术。1978 年法国住房部提出推广"构造体系"的建造技术。进入 20

世纪90年代，法国的建造技术朝着建造现代化住宅产业的方向发展，如法国南泰尔公寓楼的建造。法国PPB预制预应力房屋构件国际公司创建了一种装配整体式混凝土结构体系，其建造手段是采用装配整体式混凝土结构建造多栋房屋组成的住宅群。"世构体系"全称为键槽式预制预应力混凝土装配整体式框架结构体系，主要应用的建造技术是采用预制或现浇钢筋混凝土柱，预制预应力混凝土叠合梁、板，通过钢筋混凝土后浇部分将梁、板、柱及键槽式梁柱节点连成整体，以此形成框架结构体系。目前，这种建造技术通过南京大地建设集团有限公司与东南大学、江苏省建筑设计研究院等联合课题组引入国内，并编制相应的技术规程（《结构体系技术规程》苏JG/T 006—2002）。

近年来，法国装配式建造技术呈现的特点是：① 焊接连接等干法作业流行；② 结构构件与设备、装修工程分开，减少预埋，提高生产和施工质量；③ 主要采用预应力混凝土装配式框架结构体系装配率达到80%，脚手架用量减少50%，节能率可达到70%。

德国的装配式建造主要采取叠合板、混凝土剪力墙结构体系，剪力墙板、楼板、内隔墙板、外挂板、阳台板等构件采用混凝土预制构件，具有较好的耐久性。经过发展改进，德国将装配式建造技术与节能技术充分融合，提出零能耗的被动式建筑，仅靠住宅本身的构造设计，就能达到舒适的室内温度，满足"冬暖夏凉"的要求，不需要另外安装空气调节设施，如被动式住宅和开姆尼斯城市剧院。

丹麦早在20世纪50年代就有企业应用装配式建造技术开发了混凝土板墙装配的部件。目前，新建住宅中通用部件占到了80%，既满足了多样性的需求，又达到了50%以上的节能率，这种新建建筑比传统建筑的能耗大幅下降。丹麦将模数法融入装配式建造技术中，该方法得到了肯定和推广，国际标准化组织ISO模数协调标准就是以丹麦的标准为蓝本编制。因此，丹麦在装配式建造技术的发展中，着重强调标准化的设计，同时也以产品目录设计为标准的方式推广装配式建筑的高效和可靠。丹麦的建造技术是以部件标准化为基础，然后在此基础上，满足多元化的发展需求。因此，丹麦的装配式建筑也实现了传统的多元化与标准化的和谐统一。

意大利的装配式建造技术在装配式钢结构住宅领域有很大的发展。其中基于BASIS工业化建筑体系的装配式建造技术是意大利在钢结构装配式建筑应用领域的典范。这种建造技术所建成的建筑结构具有受力合理、抗震性能好等优点，并且可以按照需求建造新颖的建筑造型。这种装配式建造技术目前可以支持建造1~8层楼高的钢结构住宅。意大利的装配式建造技术所建成的建筑结构为框架支撑结构体系，梁柱通过连接板采用高强度螺栓连接，楼板采用压型钢板上浇筑混凝土的组合楼板。屋顶为组合楼板，上面填充一层保温、防水层。外墙结构的外侧采用轻质混凝土条形板，板面可预制成各种图案，外墙内侧为100mm厚玻璃棉铝箔隔气层，结构柱布置在内外侧墙板的空气层中。内隔墙采用轻钢龙骨石膏板内填玻璃棉等。

英国作为最早开始建筑工业化道路探索的国家之一，其装配式建造技术可以追溯到20世纪初，原动力为两次世界大战带来的巨大住宅需求及随之而来的建筑工人短缺。英国政府于1945年发布白皮书，指出应重点发展工业化制造技术，以弥补传统建造方式的不足，推进自20世纪30年代开始的清除贫民窟计划，自此，装配式建造技术便开始发展。

此外，战争结束后钢铁和铝生产过剩，不同的应用功能迫切地需要寻求多样化的应用空间，多种因素共同促进了英国装配式建造技术的发展。20世纪50—80年代，英国建筑行业在装配式建筑方向得到了蓬勃发展，装配式建造技术也不断向多个方向发展，不停地更新迭代，不仅可以建造预制混凝土大板结构的建筑，如20世纪60年代建设的英国伦敦科尔曼大街1号，也可以采用轻钢结构或木结构建造出盒子模块结构的建筑，甚至出现了结合铝材特性的建造技术所建成的铝框架结构建筑。但是当时英国的装配式建造技术主要还是围绕预制装配式木结构建筑发展为主。在英国，木结构住宅曾在新建建筑市场中的占比达到30%，但后期因人们质疑木结构建筑的水密性能，木结构住宅占比急剧下滑，装配式建筑技术中的木结构建造技术发展也因此停滞。

20世纪90年代，英国住宅的数量问题已基本解决，建筑行业发展陷入困境，住宅建造迈入品质提升阶段。这一阶段装配式建筑得到了新的发展机会。当时，由于"建筑反思"（伊根报告，The Egan Report）的发表及随后的创新运动［Movement or Innovation（M41）］和住宅论坛，引起了社会对住宅领域的广泛思考，尤其是保障性住房领域。公有开发公司极力支持以上倡议，着手发展装配式建筑，如位于伦敦哈默史密斯市的切尔西楼盘。与此同时，传统建造方式由于现场脏乱差及工作环境艰苦的原因，导致施工行业年轻从业人员锐减。现场施工人员短缺，人工成本上升、私人住宅建筑商也寻求发展装配式建筑和装配式建造技术。经过多年的发展，到21世纪初期，英国通过装配式建造技术所建造的建筑、部件和结构每年的产值为20亿~30亿英镑（2009年），约占整个建筑行业市场份额的2%，占新建建筑市场的3.6%，并以每年25%的比例持续增长。装配式建造技术带动了装配式建筑的发展，拥有良好的发展前景。

总体而言，欧洲装配式建造技术的发展十分迅速，并且一直在不断地追求更高超、更全面的技术。1975年，欧洲共同体委员会实施一个联合行动项目，目的是消除技术障碍，协调各国的技术规范。在该联合行动项目中，委员会采取一系列措施来建立一套与装配式建造技术相关的、协调的、用于土建工程设计的技术规范，最终将取代国家规范。在此背景下，1980年产生了第一代欧洲规范，包括EN1990~EN1999等。1989年，委员会将欧洲规范的出版交予欧洲标准化委员会，使之与欧洲标准具有同等地位。其中EN1992-1-1（《欧洲规范2》）的第一部分为混凝土结构设计的一般规则，是由代表处设在英国标准化协会的《欧洲规范》技术委员会编制的，另外还有预制构件质量控制相关的标准，如《预制混凝土构件质量统一标准》EN13369等，这对于装配式建造技术的规范化具有巨大的推进作用。

此外，总部位于瑞士的国际结构混凝土协会FIB于2012年发布了新版的《模式规范》MC2010。该规范的推出经历了20年，汇集了5大洲44个国家和地区专家的成果，在国际上有非常大的影响。MC2010建立了完整的混凝土结构全寿命设计方法，包括结构设计、施工、运行及拆除等阶段，为装配式建造技术在建造的全过程提供了一套参考方法。此外，FIB还出版了大量的技术报告，为理解《模式规范》MC2010提供了参考，其中有大量的与装配式建造技术相关的技术报告，涉及结构、构件、连接节点等设计的内容，进一步促进了欧洲装配式建造技术的发展。

3. 日本装配式建造技术发展

日本的装配式建造技术在第二次世界大战以后才得到了持续的发展时机。日本装配式建造技术的发展历程如图1.9所示。

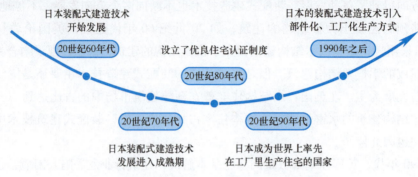

图1.9 日本装配式建造技术的发展历程

由于日本处于地震带的地域特征，日本的装配式建造技术在发展过程中，面对着在地震区建造高层和超高层建筑的需求，所以日本在探索装配式建造技术标准化的基础上，在预制结构体系的整体性抗震和隔震设计方面取得了突破性进展。日本使用装配式建造技术所建建筑的质量标准也达到了高水平，大多数装配式建筑都经受住了多次地震的考验，证实了日本的装配式建造技术水平确实领先于世界。具有代表性成就的是日本2008年用预制装配式框架结构建成的两栋58层的东京塔楼。

日本的装配式建造技术发展始于20世纪60年代初期，由于当时住宅需求急剧增加，而建筑技术人员和熟练工人明显不足，为了使现场施工简化，提高产品质量和效率，日本引进了装配式建造技术，开始了住宅产业化、工业化的道路。20世纪70年代是日本装配式建造技术发展的成熟期，大企业联合组建集团进入住宅产业，通过对装配式建造技术的研究形成了盒子结构、单元住宅等多种形式的建筑。同时设立了装配式建筑性能认证制度，以保证装配式建造技术的水平和装配式建筑的质量。这一时期，通过装配式建造技术建成的住宅占竣工住宅总数的10%。20世纪80年代中期，为了提高装配式建筑的质量，设立了优良住宅认证制度，这一制度促进了日本装配式建造技术的提升。这一时期通过装配式建造技术建成的住宅占竣工住宅总数的15%~20%，并且住宅的质量得到大幅提高。到20世纪90年代，通过装配式建造技术建成的住宅占竣工住宅总数的25%~28%，日本是世界上率先在工厂里生产住宅的国家。

在1990年之后，日本的装配式建造技术引入了部件化、工厂化的生产方式，以此提高生产效率，满足住宅内部结构可变、多样化的需求。日本从一开始就追求中高层住宅的配件化生产体系，以满足日本人口比较密集的住宅市场需求。此外，日本通过立法来保证混凝土构件的质量，在装配式住宅方面制定了一系列的政策和标准，并形成了统一的规模标准，解决了标准化、大批量生产和多样化需求这三者之间的矛盾。

对于装配式建造技术的发展，日本对装配式建造技术中包含的各个环节都制定了一系列的标准，包括建筑标准法、建筑标准法实施令、国土交通省告示及通令、协会（学会）标准、企业标准等，涵盖了设计、施工各方面，日本建筑学会AU还制定了装配式建造技术的标准和指南。1963年成立的日本预制建筑协会在推进日本装配式建造技术的发展方面做出了巨大贡献。该协会先后建立 PC 工法焊接技术资格认证制度、预制装配住宅装潢设计师资格认证制度、PC 构件质量认证制度、PC 结构审查制度等。该协会还编写了《预制建筑技术集成》丛书（共四册），介绍了包括剪力墙式预制混凝土（WPC）、剪力墙式框架预制钢筋混凝土（WR-PC）及现浇同等型框架预制钢筋混凝土（R-PC）等的详细施工技术，为装配式建造技术中的预制构件制造技术提供了详细的参考。

同时，日本的装配式建造技术中的设计、生产和施工的标准规范也很完善，目前使用的技术规范有《预制混凝土工程》（JASS10）和《混凝土幕墙》（JASS14）及在日本得到广泛应用的蒸压加气混凝土板材（ALC）方面的技术规程（JASS21）。各规范的主要技术内容包括总则、性能要求、部品材料、加工制造、脱模、储运、堆放、连接节点、现场施工、防水构造、施工验收和质量控制等。

除了上述的装配式混凝土建筑，日本的装配式建筑还有木结构、钢结构建筑，日本的钢结构和木结构住宅在主体结构设计中采用与普通钢结构、木结构相同的设计规范。目前，日本在推广钢结构建筑，其装配式建造技术也逐渐往钢结构建造技术方向发展，日本每年新建 20 万栋左右的低层住宅中，钢结构住宅占 70% 以上的市场份额。

4. 国内装配式建造技术发展

我国的建筑工业化是与新中国的工业化建设同时起步的，受当时的经济、技术、政策等方面的影响，在发展的过程中既经历过高潮期，也遇到过低谷期。总体上来说，当前我国的建筑工业化仍处于生产方式转型和推广应用的关键阶段。

1956 年 5 月 8 日，国务院出台了《关于加强和发展建筑工业的决定》，这是我国最早提出建筑工业化的文件，文件指出：为了从根本上改善我国的建筑工业，必须积极地、有步骤地实现机械化、工业化施工，必须完成对建筑工业的技术改造，逐步地完成向建筑工业化的过渡。我国的装配式建造技术从此便开始了漫长的探索和发展历程。

自 20 世纪末至今，由于我国建筑工业化方针政策的推动和建造技术发展的需求，装配式建造技术又进入了一个新的发展时期。政府出台一系列的政策促进了装配式建造技术的发展，对新方向、新产品、新材料的融入和技术的推广应用取得了明显成效。一些企业也在建筑工业化的道路上积极探索，克服了建筑工业化发展过程中遇到的瓶颈问题，促进了新时期装配式建造技术的进步与发展。但是，由于认知水平、社会经济、产业政策、技术水平等诸多因素的制约，使得我国装配式建造技术在数十年的发展过程中，仍依靠引进国外的先进生产方式、设备和规范标准，我国的建筑工业化仍处于生产方式的转型阶段。

目前，我国在大力推动装配式建造技术的发展，在该技术领域取得了较大的进步，已经有多项结合我国需求的建造技术处于试验阶段。但是，在装配式建筑结构体系、预制构件性能、装配式建筑设计标准及建筑工业化评价体系等方面尚没有形成成套的技术体系，企业对于装配式建造技术的推广和应用也仅仅停留在以万科集团为代表的房地产开发企业的"产业整合型模式"及以远大集团为代表的建材生产企业的"技术集成型模式"的探索时期。

我国的建筑工业化从新中国成立初期开始，经历了一条清晰的发展路径，取得了一系列成果。从装配式建造技术发展的角度，我国建筑工业化及建造技术发展过程可分为三个阶段，如图 1.10 所示。

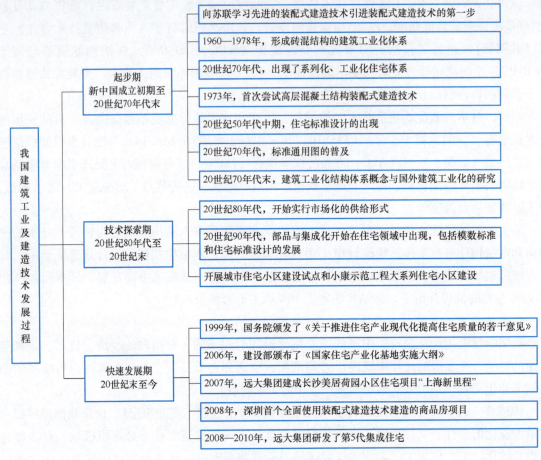

图 1.10 我国建筑工业化及建造技术发展过程

（1）第一阶段：新中国成立初期到 20 世纪 70 年代末的起步期　在新中国成立的发展建设初期，住宅短缺是亟待解决的重大问题，在此情况下，我国提出向苏联学习先进的装配式建造技术，借鉴其建筑工业化的建设经验，学习设计标准化、工业化、模数化的方针。在建筑业发展预制构件和预制装配件方面进行了许多关于工业化和标准化的讨论与实践，这是我国引进装配式建造技术的第一步，主要是学习包括设计标准化、构件工厂化和施工装配化三个方面，技术核心是主体结构的装配化。在加快建设速度、降低工程造价和节约人员数量的前提下，大量、快速和廉价地提供城市住宅是当时引进装配式建造技术的发展目标。在这个阶段，我国创立了建筑工业化的住宅结构体系和标准设计方法，由此推动了早期建筑工业化项目建设及装配式建造技术研发工作的开展。

随着新中国经济的复苏和发展，城市建设被提上日程，砖混结构成为广泛采用的结构体系，装配式建造技术在砖混住宅体系的发展中也得到了较好的体现。1960 年以后，随着装配式建造技术的发展，楼板、楼梯、过梁、阳台、风道等大量构件均已实现预制化，形成了砖混结构的建筑工业化体系。到"一五"结束，建工系统在各地建立了 70 多家混凝土预制构件加工厂，除了地基和砌墙，柱、梁、屋架、屋面板、檩条、楼板、楼梯、门窗等基本上都使用装配式建造技术，实现了采用预制件进行装配的建造模式。至 1978 年，砖混住宅一直是全国广泛采用的结构体系。"一五"期间,通过砖混住宅通用图,提高了砖混住宅的标准化水平。同时,在借鉴国外装配式建造技术发展经验的基础上,我国建筑工业化的发展重点向标准设计方向转移。国务院指定国家建委组织各部门在一两年内编出工业和民用建筑的主要结构和配件的标准设计,城市建设部在1956年编出民用建筑的主要结构、配件的标准设计,一系列的相关标准的制定为我国装配式建造技术的发展奠定了基础。

20世纪70年代,在全国建筑工业化运动的"三化一改"(设计标准化、构配件生产工厂化、施工机械化和墙体改革)方针指导下,发展了大型砌块、楼板、墙板结构构件的建造技术,伴随着该技术的发展,出现了系列化、工业化住宅体系。上述住宅体系均得到比较广泛的应用。1973年,作为最早装配式混凝土高层住宅的前三门大街高层住宅在北京建成,共计26栋高层住宅都采用了大模板现浇、内浇外挂板结构等建造方法,首次尝试了高层混凝土结构装配式建造技术,推动了我国建筑工业化和装配式建造技术的发展。

在这个时期,我国装配式建造技术中出现了设计标准及相关设计图集:

1)住宅标准设计的出现。20世纪50年代中期,国家建设部门、按照标准化、工厂化构件和模数设计标准单元,编制了全国6个分区全套各专业的标准设计图,以方便装配式建造技术的规范化发展。在苏联专家的指导下,北京市建筑设计院设计了第一套住宅通用图。20世纪五六十年代开始研究装配式建造技术的设计施工技术,形成了一系列装配式混凝土建筑体系,较为典型的建筑体系有装配式单层工业厂房建筑体系、装配式多层框架建筑体系、装配式大板建筑体系等。

2)标准通用图的普及。国家组建了从事建筑标准设计的专门机构。开展了设计标准化的普及工作,进行了砌块结构、钢筋混凝土大板结构等多类型住宅结构的工业化体系与技术的研发与实践。

20世纪70年代,标准化设计方法和标准图集的制定工作由各地方负责实施,各地成立了专业部门来推进住宅标准设计的工作。这种标准图集成为所有城市建筑行业和构件生产的依据,推动了装配式建造技术在建造与施工标准上的发展。1978年,为满足工业化和多样化设计要求,国家建委下达《大模板建造住宅建筑的成套技术》科研课题,北京市建筑设计研究院承担了大模板体系的标准化研究,制定了一整套建筑体系参数,既包括开间、进深和层高的参数,也包含楼板、外墙板、楼梯、阳台、定型卫生间和通道板等定型构配件参数,并制定了整套的构造的建造方法。大模板住宅的建造技术实现了建造建筑参数可控、构件配件定型和建造住宅设计可变的三大特点。大模板住宅建筑体系的住宅类型包括多层板式塔式、高层板式塔式等九种形式,有20套组合体,足以满足各种使用需求,进一步扩大了装配式建造技术的应用市场。1980年《北京市大模板建筑成套技术》科研项目通过鉴定,北京市颁布了《大模板住宅体系标准化图集》。大模板住宅体系住宅设计作为北京80.81系列住宅的组成部分被大量采用。该成果在北京五路居住区、西坝河东里小区、富强西里小区等住宅区建设中得到推广应用。1985年,北京80.81系列住宅研究成果获得国家科技进步二等奖。标准通用图的普及对装配式建造技术的标准化提供了方向。

3)建筑工业化结构体系概念与国外建筑工业化的研究。20世纪70年代末,城市建设被提上日程,建筑行业生产总量不断加大,以何种方式来解决大量的建设任务,成为建筑行业急需解决的课题。在此背景下，我国开始借鉴"二战"后西方国家的住宅建筑工业化的经验，将各国的装配式建造技术引进国内，旨在通过对各国建造技术的融化和调整，形成一套适合于我国建筑工业化发展的装配式建造技术。我国技术人员系统研究了法国、苏联、日本、西德和美国等国家的建筑工业化发展及特点，代表性成果有：1974年的《关于逐步实现建筑工业化的政府政策和措施指南》，1979年的《国外建筑工业化的历史经验综合研究报告》，日本、法国、苏联等国家建筑工业研究报告及《大模板施工技术译文集》等。期间，引进了南斯拉夫的预应力板柱体系，即后张预应力装配式结构体系，进一步改进了标准化设计方法，使得我国的装配式建造技术在施工工艺、施工速度等方面都有一定的提高。

（2）第二阶段：20 世纪 80 年代至 20 世纪末的技术探索期 20 世纪 80 年代开始，我国的住房制度发生了重大变化，住房开始实行市场化的供给形式，房地产市场和建筑施工规模空前迅猛，这个阶段我国在建筑工业化方向做了许多积极的探索。

20 世纪 90 年代部品与集成化也开始在住宅领域中出现，这个时期除主体结构外的局部工业化较突出，同时伴随住房体制的改革，住宅产业理论也得到了相关研究，主要以小康住宅体系研究为代表。

在这个阶段内，我国在装配式建造技术的发展中进行了许多具有积极意义的探索，包括模数标准和住宅标准设计的发展。我国先后在 1984 年和 1997 年编制及修订了《住宅模数协调标准》，提出了模数网络和定位线等概念，对我国住宅设计、产品生产、施工安装等的标准化具有重要的影响。1988 年编制的《住宅厨房和相关设备基本参数》和 1991 年发布的《住宅卫生间相关设备基本参数》，为推动住宅设备设施工业化的进步做出了贡献。20 世纪 80 年代中期编制的《全国通用城市砖混住宅体系图集》和《北方通用大板住宅建筑体系图集》等，既扩大了住宅标准设计的通用程度，也为装配式建造技术发展了系列化建筑构配件的生产技术。标准设计作为国家、地方或行业的通用设计文件，不仅是建造技术发展的基础，更是促进科技成果转化的重要手段。

1985—2000 年，建设部开展了城市住宅小区建设试点（1985—2000 年）和小康示范工程（1995—2000 年）大系列住宅小区建设样板工程。两大样板工程及所使用的装配式建造技术体系的推广，把全国建筑行业的总体质量推进到一个新的水准，极大地提升了装配式建造技术理念与方法，有效地推动了新技术成果的转化，并通过这一系列的样板工程将体系化建设科技成果推向全国。

我国的装配式建造技术汲取了国外的先进经验，通过交流学习合作取得了一些成果，具体表现在：1980 年，N.J. 哈布林肯的 SAR 理论（支撑体理论）、SAR 住宅及设计方法被引进到国内。在学习国外先进建造技术理论的基础上，开展了许多有益的研究，形成了一系列具有创新性、开拓性的装配式建造技术研究，这些成果为我国的建筑行业发展提供了强有力的支持。

（3）第三阶段：20 世纪末至今的快速发展期 20 世纪末，随着经济的发展和人民群众对住房需求的提升，我国的建筑市场更加繁荣，住宅商品化对建筑工业化产生了巨大影响，全社会资源环境意识的加强促进了建筑行业从观念到技术的转变，在这个阶段，可持续发展成为建筑工业化及技术的发展方向，由此加速了传统建造技术向装配式建造技术转变。

为了加快建筑行业从粗放型向集约型转变，推进住宅产业化，1999年国务院颁发了《关于推进住宅产业现代化提高住宅质量的若干意见》的通知，明确了推进住宅产业现代化的指导思想、主要目标、工作重点和实施要求；2006年建设部颁布了《国家住宅产业化基地实施大纲》；2008年开始探索SI住宅技术的研发和"中日技术集成示范工程"的建设等。

同时，关于住宅产业化和工业化的政策和措施相继出台，极大地推动了社会各界对于装配式建造技术的关注和投入。2007年，远大集团应用装配式建造技术建成了首个国家住宅产业化示范项目——长沙美居荷园小区，该项目是装配式建造技术示范性的应用，体现了以大批量、高速度建造低价、高质、普适性住房的理念。2008—2010年，远大集团研发了第5代集成住宅，采用了叠合楼盖现浇剪力墙结构的建造技术。2008年，深圳万科"第五寓"成为深圳首个全面使用装配式建造技术建造的商品房项目，建设周期5个多月，首次实现了建筑设计、内装设计、部品设计流程控制一体化。万科结合建筑工业化生产的发展方向，重点进行了中高层集合住宅建筑主体的装配式建造技术研发，开发了PC大板工业化施工技术。2007年，住宅项目"上海新里程"推出以PC技术建造的新里程21号、22号两栋商品住宅楼就采用了万科的VSI体系，建筑主体的外墙板、楼板、阳台、楼梯采用PC构件，统一进行内部装修，该项目成为我国装配式建造技术应用的杰出范例。

在此阶段，住宅部品和住宅部品技术体系得到推行与发展。同时，建设部在全国范围内开展了厨卫标准化工作，以提高厨卫产业工业化水平，填补装配式建造技术在厨卫方向的技术空缺。2001年出版了《住宅厨房标准设计图集》和《住宅卫生间标准设计图集》；2006年，建设部发布了《关于推动住宅部品认证工作的通知》，颁布了《住宅整体厨房》和《住宅整体卫浴间》行业标准；2008年，颁布《住宅厨房家具及厨房设备模数系列》，厨房与卫生间是全装修成品住宅技术要求最高的、管线设备最多的家庭用水空间，作为工业化部品生产的"厨卫单元一体化"的整体浴室和整体厨房从工厂生产到现场组合装配，完全体现了生产现代化、装修工业化的全部特征，是装配式建造技术应用在厨卫建造领域的典型代表产品。

除了建筑主体结构逐步采用装配式施工，在装修方面进一步倡导了全装修的理念。2013年1月，国家发改委和住房城乡建设部联合发布了《绿色建筑行动方案》（国办发〔2013〕1号）明确将推动建筑工业化作为十大重点任务之一，提倡全装修成品住宅，实现施工精装修一体化，符合国家政策和社会对全装修成品住宅的要求，这对于装配式建造技术填充装修领域的技术空白有着极大的推动作用。

总的来看，以新型预制混凝土装配式结构快速发展为代表的建筑工业化及其建造技术进入了新一轮的高速发展期。

目前，我国装配式建造技术体系主要表现为"吸收引进后调整创新"，引进的体系包括法国"世构体系"、德国"双皮墙体系"等。装配式建筑结构体系主要包括钢结构、混凝土结构和木结构三种形式。在装配式建造技术中，装配式混凝土结构体系的建造技术发展较为领先，已经形成了较为完整的建筑全生命周期技术，在我国装配式建筑市场占据主导地位，同时，基于中国钢结构协会发布的《钢结构行业"十四五"规划及2035年远景目标》，装配式钢结构体系的建造技术具有极大的发展空间。

目前，我国建筑工业化进入全面发展的时期，其进程也在逐渐加快，但与发达国家相比差距还较大。主要表现在我国装配式建造技术中存在着对装配式结构体系认识不到位、缺乏统一的设计和施工标准、构件生产没有达到批量化等方面的问题。装配式建筑的快速发展离不开科技创新的推动。与传统建造技术不同，装配式建造技术依赖于精密的制造流程，需要大量的技术支持，现阶段我国在装配式建筑装备的自动化、智能化发展遇到了一些瓶颈问题，极大地阻碍了我国装配式建造技术的发展。与此同时，我国的装配式建造技术也已经进入到了数字化、智能化的阶段，其中包括虚拟现实、大数据等前沿技术的应用，这种技术创新对于我国建筑工业化的推动和装配式建造技术的发展起到了一定的推动作用。

综上所述，近年来我国的装配式建造技术发展取得了较大进步，并具有巨大的发展潜力。相信在未来，在我国建筑行业相关人员的同心协力下，一定会解决装配式建造技术发展中的卡脖子技术难题，将我国的装配式建造技术推向数字化、智能化、可持续化等方向，为我国建筑工业化和社会经济的健康发展注入新的活力。

1.2.4 装配式建造技术体系及方法

装配式建造技术主要由标准化设计技术、工厂化生产技术、装配化施工技术及信息化管理技术协同整合，共同作用于装配式建造的成本、进度、质量和安全方面，以实现对传统建造方式的革新与提升。

装配式建造技术的协同关系如图1.11所示。

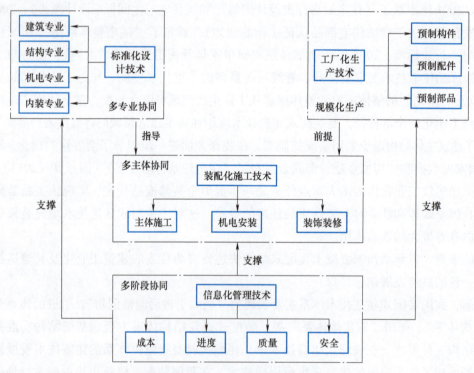

图1.11 装配式建造技术的协同关系

装配化施工技术是装配式建造技术的末端重要技术，在装配化施工技术应用前，需要应用工厂化生产技术为其生产出装配所需的各类预制件，在装配化施工技术应用时，需要标准化设计技术作为指导，同时，还需要信息化管理技术在施工的各个阶段提供信息支撑。

标准化设计技术为装配式建造技术提供包括建筑设计、结构分析、机电设计、室内设计多专业协同的指导，为装配式建造技术在施工和设计阶段的标准化、规范化及装配式建筑的可靠性、安全性提供基础保障。

工厂化生产技术是装配式建造技术的基础技术，也是装配式建造技术实现高效建造的关键技术。因为装配式建造技术将传统建造技术中的现浇施工部分尽可能地转移到了在工厂中进行，因此就需要利用规模化、自动化生产技术在工厂中制造出预制构件、预制配件、预制部件等预制件，从而为装配化施工技术的应用提供装配零部件。

装配化施工技术主要应用于装配式建筑主体施工、建筑机电安装及建筑装饰装修三大环节中，利用自动化、智能化施工设备和先进技术形成的装配化施工技术代替传统建造技术中的人工施工环节。标准、规范装配化施工技术是装配式建造技术自动化、智能化的重要体现。

信息化管理技术是装配式建造技术高效率、低成本、高安全性、可持续发展的重要保证。信息化管理技术将装配式建造技术在各阶段的设备操作记录、各环节耗费时长、花费成本、施工进度等数据上传至管理系统，利用各阶段收集的数据实现装配式建造过程中实时的成本核算、进度监控、施工操作记录等，以此保证所建造的建筑满足质量和安全性的要求，同时还为后期建筑健康监测和寿命预测提供数据溯源保障。

1.2.5 装配式建造装备

装配式建造装备主要包括用于实现装配式建造技术的各种机械设备和工具，如预制件生产线及生产线所包含的各种设备、预埋件生产及布置设备、施工安装机器人、装修机器人、辅助移动机器人等，以及用于运行和维护生产线及施工设备的辅助设备。

混凝土预制构件生产线是预制件生产线中发展得比较成熟的一种，常见的混凝土预制构件生产线系统主要包括模台系统、模台输送系统、混凝土输送系统、布料系统、振捣系统、养护窑系统、预养护系统、脱模系统、运输系统，构件表面处理系统，其他设备系统和控制系统等。各系统中使用的设备主要包括地面行走轮、模台驱动装置、模台、清扫机、喷油机、布料机、振动台、振动赶平机、预养护装置、打磨修光机、蒸养窑、立起机、混凝土输送机、构件智能检测设备、智能化预应力张拉设备等，各种设备及其所在系统可以实现智能化、自动化的协同联动，形成预制构件生产的智能化设备体系。

预埋件是指预先安装在预制构件中用于保温、减重、吊装、连接、定位、锚固、通水通电通气、防雷防水、装饰等的事物。最为常见且最重要的预埋件是作为结构连接件的钢筋，其生产及布置设备主要有桁架焊接机器人、钢筋开孔网焊接机器人、智能钢筋柔性调直机器人、智能钢筋弯箍机器人、斜面式智能钢筋机器人等多种自动化设备，可同步实现钢筋矫直、侧筋弯折成型、快速精准焊接、定尺剪切、自动收料等功能，自动化完成钢筋调直、剪切、焊接、成型等步骤。

应用于装配化施工技术中的智能设备主要包括：用于主体结构建造阶段的测量机器人、砌筑机器人、搬运机器人、预制件辅助安装机器人等智能装备，各种设备通过联动施工，可以自主完成测量、定位、搬运、安装、砌筑等一系列施工工作，实现安全可靠的主体建造；

用于粗装修阶段的整平机器人、抹平机器人、抹光机器人、墙面打磨机器人、抹灰机器人、墙面喷涂机器人、墙板安装机器人、地砖铺装机器人等智能装备，通过各个环节的智能装备联合施工，实现高效率、高质量的装饰装修施工；用于辅助实现装配式建造技术的智能巡检机器人及基站、智能升降机、放线机器人、智能装备库等智能设备，进一步解决了施工现场中需要人工参与的烦琐步骤，为智能装备在各阶段各环节施工提供了便利和保障。

装配式建造装备的研发是装配式建造技术的根本，新型的装配式建造装备能够提高装配式建筑的质量和效率，减少施工污染，节约资源和能源，降低建筑的造价，推动绿色可持续发展，同时，还可以提升劳动效率和质量安全水平。因此，装配式建造装备的发展对于推动装配式建造技术的进步具有积极意义。

■ 1.3　数字建造技术及装备

1.3.1　数字建造概述

数字化是指将信息及其形式整合成数字信息的形式，它包括数字模型、数据管理、图像处理、数字化仿真等，其核心是通过信息处理来改善和提高建造现代化效率。数字建造不仅是指把工程信息数字化，而且包括与此相关的技术、工具和方法，数字建造的宗旨是"数字化、智能化、高效率"，可以有效提高工程的效率、质量，并改变传统的施工方式。

数字建造这一概念的技术和理论基础，直接来源于工业制造中逐渐成为主流的数字化制造理论。在工业制造领域中，数字制造已经发展了将近半个世纪并形成了一套完整的生命周期式的生产模式，数字建造概念如图1.12所示。数字制造是通过数字化定量、表述存储、处理和控制等方法，实现产品全生命周期和企业的全局优化运作，以制造过程的知识融合为基础，以数字化建模仿真与优化为特征。数字制造的核心是通过虚拟现实、计算机网络、快速原型、数据库等技术的支持下，根据用户的需求，对产品信息、工艺信息和资源信息进行分析、规划和重组，实现对产品设计和功能的仿真及原型制造，进而快速生产出达到用户要求的产品的完整制造过程。工业数字制造不是单纯的一个机械加工过程，而是包含了设计、制造和管理三个方面的内容，并依靠信息技术将三者有机结合起来。相对于制造业在信息技术运用方面的不断成熟，建筑业的数字化建造还有很长的路要走。参照数字制造的许多重要特征，建筑业正在形成具有自身特点的"数字制造"，但目前还没有公认的数字建造的定义。

数字建造把数字技术应用于工程的策划、设计、施工等过程中，提供满足工程建设主体需求，环境和谐的优良建造产品及服务。常用的数字技术有BIM、大数据、物联网、数字孪生、5G等。数字建造能够通过计算机控制机器进行制造的过程，包括增材建造和减材建造。3D打印是增材建造，数控加工和激光切割是减材建造，其本质就是用机器通过程序控制完成与数字设计一致的建造。同时，数字建造能够利用各种数字信息技术提升整个工程建造产业的全生命周期服务，提升产品综合性和施工设计效率，协调各利益相关方的组织沟通，实现需求、资源环境价值的提升。例如，BIM技术的应用可以提高效率、降低成本，推动建设行业的专业协作、协同与整合。据统计，采用信息及网络技术可减少20%~60%的沟通成本。三

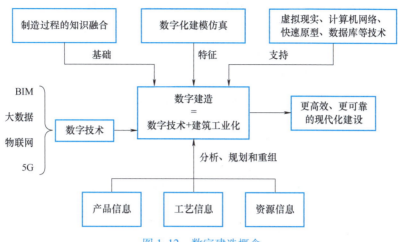

图 1.12　数字建造概念

维模型让项目各个阶段相关者，基本没有专业知识形象也能直观地了解项目状态。数字建造研究针对工程项目全生命周期，不只局限于施工阶段，系统化应用多项数字技术在建造过程中有机融合能实现更高效、更可靠的现代化建设。

1.3.2　数字建造发展

中国建筑业要走具有核心竞争力、资源密集和环境友好的可持续发展道路，离不开数字技术的发展。数字建造的发展要以新型建筑业为核心，通过信息技术等健康有效的手段支持建筑工业化，并将信息化与建筑产业链深度融合、改造和升级。通过技术创新和管理创新，增强企业和员工的内驱力，促进建筑产品全过程、全要素、全参与者升级；采用新设计、新结构、新思想，真正实现建筑模式向以预制建筑为代表的工业化和精细化的转变。数字建造的发展阶段可以分为以下几个时期：

20 世纪 80 年代，这个阶段被称为数字辅助时代。在此期间，计算机技术快速发展，并在工程技术中得到了广泛应用。CAD/CAE/CAM 等 CAX 技术的深入应用，带来了设计观念、设计方法和组织形式的全面创新，实现了工程产品设计的现代化。同时，市场上也出现了建筑工程预算造价软件、算量等工程成本预算辅助软件及办公软件，数字化逐渐在"建筑八大员"等岗位级别上展开。

20 世纪 90 年代，这一阶段被称为数字控制与数字链接时代。随着电子信息和互联网等技术的深入发展，各种电子自动化控制系统被广泛应用于生产领域，互联网技术也逐渐在沟通和办公协同中发挥作用。

21 世纪初，随着建筑信息化的持续发展，大数据、云计算、人工智能等新技术形态不断涌现，特别是 BIM（Building Information Modeling）技术的成熟，建筑业的数字化进程进一步加速。这个阶段，数字建造开始走向标准化、智慧化、工业化与数字化，参与主体之间的数字协同化也越来越重要。

近年来，随着科技的进步和数字化的深入，数字建造已经从单一的技术应用扩展到整个建筑产业的各个环节，包括建筑设计、施工、运营和维护等。这个阶段，数字建造更加强调生态化，即行业组织的协调与合作，共同推动建筑业的可持续发展。

理解智能建造与数字建造的关系，要以"智能"为切入点。简言之，智能是指能够捕捉场景性信息，并做出适当反应。新一代智能技术已经进入了以万物互联和深度学习为支撑的数字逻辑推理阶段，以数字化为前提，借助网络化实现多种异构设备集成，支持用户参与，通过利用传感网络采集到的海量数据，在各种智能算法的支持下，发挥云计算和高性能计算能力，进行知识发现、组合与应用，从而实现智能化的生产与服务。

所以说，数字建造是智能建造的基础，两者不仅并不矛盾，而是一个统一的整体。立足工程建造行业现状，以数字建造为切入点，补足工程建造机械化、自动化方面的短板，切实推进工程建造的数字化变革，在逐步提升工程建造整体效率的同时，为智能建造积累数字资源，同时积极拥抱人工智能技术发展的最新成果，有序推进工程建造自动化、数字化、智能化、智慧化的协调发展，是工程建造理性发展的可行之道。

1.3.3 数字建造技术体系及方法

数字建造技术体系主要包括了 BIM 技术、云计算、大数据、移动应用和智能应用等关键技术。以 BIM 技术为核心+VR/AR/MR 等手段，可以支撑数字建造的数字化特征，对项目的方案进行模拟、分析，提前发现可能出现的问题，以达到优化方案、节约工期、降低成本的目的，通过端+网+云，可以随时获取建筑、项目过程和人等方面的信息，提高管理数据的准确性和及时性，支撑了数字建造的在线化特征；通过大数据和人工智能算法，建立各管理要素的分析模型，进行关联性分析，并结合分析进行智慧预测、实时反馈或自动控制，支撑了数字建造的智能化特征。

数字建造的基本原理主要包括以下几个方面，如图 1.13 所示。

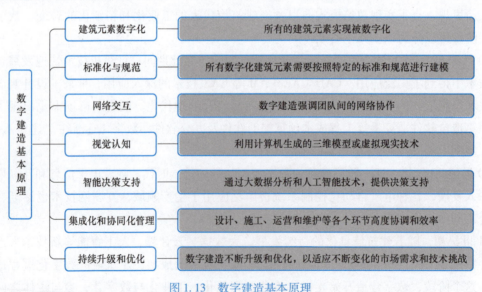

图 1.13　数字建造基本原理

（1）建筑元素数字化　所有的建筑元素都需要被数字化，从建筑物的设计、结构、功能到材料的每一个细节都被转换为数字形式。这样做使得所有信息都可以在计算机上进行处理和管理。

（2）标准化与规范　为了保证数据的一致性和可操作性，所有的数字化建筑元素需要按照特定的标准和规范进行建模。这些标准和规范可能涉及建筑的物理属性、功能需求、施工过程等各个方面。

（3）网络交互　数字建造强调团队间的网络协作。通过互联网，项目参与者可以共享和访问相同的数据，这使得他们能够更加高效地合作，减少误解和错误。

（4）视觉认知　数字建造利用计算机生成的三维模型或虚拟现实技术，让设计师、工程师和客户能够在实际建造之前就看到并体验建筑物的外观和内部空间。这有助于提前发现问题，优化设计，降低风险。

（5）智能决策支持　通过大数据分析和人工智能技术，数字建造可以提供决策支持。例如，它可以模拟不同的设计方案，预测它们的成本、时间、资源需求等，帮助决策者做出最优的选择。

（6）集成化和协同化管理　数字建造的另一个重要原则是集成化和协同化管理。这意味着将设计、施工、运营和维护等各个环节紧密联系起来，确保整个过程的高度协调和效率。

（7）持续升级和优化　数字建造不仅仅是一种建造方法，它还是一个动态的过程。随着技术的进步和经验的积累，数字建造也会不断升级和优化，以适应不断变化的市场需求和技术挑战。

1.3.4　数字建造装备

数字建造装备主要包括智能化建筑工程装备和 AI 行为识别系统。

智能化建筑工程装备是一种基于工业互联网技术路线的数字建造技术系统与自动化建造机器人相结合的智能装备，如 3D 打印技术+机器人控制技术+数字化系统相结合的 3D 打印建造机器人。这类装备围绕边缘超脑开发相关配套软硬件产品，它们具有数字化、智能化控制技术的核心，可以实现无人化或少人化的建筑工地操作。

AI 行为识别系统则通过融合通信技术和大数据、人工智能算力算法，对施工现场进行监控和管理，确保绿色建造、安全建造和高效建造。

此外，还有智慧工地物联网系统、智慧工地数字化管理系统和智慧运维系统等，这些都是构成数字建造及智能工程装备控制解决方案的重要部分。

■ 1.4　智能建造技术及装备

1.4.1　智能建造技术概述

智能建造可以说是由"数字建造"衍化而得来。一般来讲，智能建造是以 BIM、物联网、人工智能、云计算、大数据等技术为基础，可以实时自适应于变化需求的高度集成与协同的建造系统。智能建造不是一个面向单一生产环节的技术，而是一个高度集成多个环节的建造系统，即融合了设计、生产、物流和施工等关键环节。智能建造技术涉及建筑工程的全生命周期，主要包括智能规划与设计、智能装备与施工、智能设施三大模块。智能建造技术在装配式建造技术和数字建造技术的基础上，通过物联网、人工智能等技术实现建筑全生命周期的智能化管理和运营。装配式建造技术和数字建造技术是智能建造技术的基础，而智能建造技术则是装配式建造技术和数字建造技术的进一步发展和升级。

智能建造技术是一种以数字化、信息化和自动化为特征的新型建筑施工方式。它主要包括以下几个方面，如图1.14所示。

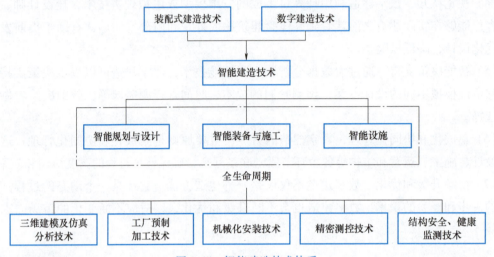

图1.14 智能建造技术体系

三维建模及仿真分析技术（BIM & Simulation）：首先利用BIM技术对复杂的构件进行三维建模，然后在此基础上，对其受力特征、建造全过程、与周边环境的关系进行仿真模拟。

工厂预制加工技术（Prefabrication & 3D Print）：根据数字化的几何信息，借助先进的数控设备或者3D打印技术，对构件进行自动加工并成形。预制加工技术的应用同时促进了模块化生产和现场装配。

机械化安装技术（Mechanization & Robot）：采用计算机控制的机械设备或机器人，根据指定的建造过程，在现场对构件进行高精度的安装。

精密测控技术（Precision Measurement & Control）：利用GPS、三维激光扫描仪等先进的测量仪器，对建造空间进行快速放样定位和实时监测。

结构安全、健康监测技术（Structural Safety & Health Monitoring）：利用先进的传感器和监测设备，对建筑物的结构安全和健康状况进行实时监测和分析。

这些技术和管理体系共同构成了智能建造技术的核心内容，旨在提高建筑施工的效率和质量，降低成本和风险，实现可持续发展的建筑产业。

1.4.2 智能建造技术国内外发展现状及动态

美国及欧洲是开展智能建造技术较早的国家和地区，比其他国家早十年左右，新加坡、日本、韩国等近年也逐步实现了智能建造技术。BIM技术与物联网技术最早也是出现在美国，2009年美国就将物联网技术作为2025年影响美国的六大关键技术之一。随后欧盟、日本、韩国也相继发布了相应的实施政策,大力发展物联网技术。美国、德国、英国等发达国家的 3D 打印技术的发展同样也很早,在资金方面投入很多,并且较早就为发展智能建造技术做出关于人才教育方面的改革和创新。以美国、英国及德国为代表的人工智能技术、大数据技术、云计算等技术的发展走在世界前列,政府发布的政策、投入的资金、技术研发及人才培养都为智能建造技术的发展提供支持。国外智能建造技术应用发展情况见表 1.1。

表 1.1 国外智能建造技术应用发展情况

年份	国家和地区	发展内容
2007	美国	所有重要项目通过 BIM 进行空间规划
2009	美国	《2025 年美国利益潜在影响的关键技术报告》中,把物联网列为六种关键技术之一
2014	欧盟	投资 1.92 亿欧元用于物联网的研究和创新
2016	美国	推动成立了机器学习与人工智能分委会(MLAI)
2016	韩国	实现全部公共设施项目使用 BIM 技术
2019	美国	发布《引领 5G 的国家频谱战略》,帮助美国引领未来 5G 产业的发展
2020	日本	发布《2020 科学技术白皮书》,基于对未来社会的展望,推进研发计划,重点支持以视觉为主导的研发工程,如 2025 年日本国际博览会充分利用 IoT、大数据等先进技术打造智能城市
2020	欧盟	发表《塑造欧洲的数字未来》《欧洲数据战略》和《人工智能白皮书》,旨在通过完善数据可用性、数据共享、网络基础设施、研究和创新等技术发展

我国的 BIM 技术虽起步较晚,我国从 2012 年开始,将物联网技术引入建筑行业,以实现建筑物与部品构件、人与物、物与物之间的信息交互;2013 年我国将以 3D 打印技术为基础的增材制造首次列入国家重点扶持领域,由此加快了 3D 打印相关的研发工作;2017 年我国出台了三个专项政策,弥补了近年 3D 打印技术路线不清晰的缺陷;2018 年我国建成了当年全球最高 3D 打印建筑——苏州工业园区别墅,同年我国首次将智能建造纳入普通高等学校本科专业,适应以"信息化"和"智能化"为特色的新工科专业发展;近几年,我国建筑业对智能建造、大数据等技术的政策也相应出台,大力发展信息化技术。国内智能建造技术应用发展情况见表 1.2。

表 1.2 国内智能建造技术应用发展情况

年份	政策	推广政策及内容
2011	《2011—2015 年建筑业信息化发展纲要》	基本实现建筑企业信息系统的普及应用,形成一批信息技术应用达国际先进水平的企业
2011	《物联网"十二五"发展规划》	到 2015 年要在物联网核心技术研发与产业化、关键标准研究与制定,初步形成创新驱动、应用牵引、协同发展、安全可控的物联网发展格局
2013	《关于征求关于推荐 BIM 技术在建筑领域应用的指导意见(征求意见稿)意见的函》	2016 年以前政府投资 2 万 m^2 以上大型公共建筑及申报绿色建筑设计及施工采用 BIM 技术;形成 BIM 应用标准及政策体系
2015	《住房城乡建设部关于印发推进建筑信息模型应用指导意见的通知》	2020 年末实现 BIM 与企业管理系统和其他信息技术的一体化集成应用;新立项项目集成应用 BIM 的项目比率达 90%

(续)

年份	政策	推广政策及内容
2016	《2016—2020年建筑业信息化发展纲要》	推广基于BIM的协同设计；研究开发基于BIM的集成设计系统及协同工作系统；建立基于BIM的项目管理信息系统；建立基于BIM技术、物联网技术等的云服务平台
2016	《建筑信息模型应用统一标准》	我国第一部建筑信息模型应用的工程建设标准；填补了我国BIM技术应用标准的空白
2017	《国务院关于印发新一代人工智能发展规划的通知》	到2020年，人工智能技术和应用与世界先进水平同步；到2025年，部分技术与应用达到世界领先水平；到2030年，人工智能理论、技术与应用总体达到世界领先水平
2019	《国家数字经济创新发展试验区实施方案》	提出"互联网+""智能+"等相关内容，推动传统产业改造提升
2020	《关于推动智能建造与建筑工业化协同发展的指导意见》	推进建筑工业化、数字化、智能化发展，加快建造方式的转变，加大智能建造在工程建设各环节应用，推动建筑行业的高质量发展

总之，智能建造技术的发展将为建筑业带来前所未有的机遇，推动行业实现高效、绿色、智能化的转型升级。在我国政策支持和市场需求的推动下，智能建造技术将在未来不断创新和突破，助力我国建筑业迈向更高水平。同时，智能建造技术的广泛应用将为全球建筑业提供有益借鉴，促进全球建筑业的共同发展。

1.4.3 智能建造装备

智能建造装备是一种基于物联网与BIM技术，与自动化、数字化建造机器人相结合的智能装备，如智能预制构件生产线、智能布料系统、智能测量机器人、智能安装机器人等具有感知、分析、推理、决策、控制等智能功能的生产或施工设备。智能生产和施工装备或机器人是智能建造理念落地的基础。智能装备或机器人涉及单专业机器人或平台式机器人，前者一般以代替某种作业为目标，后者则以完成一项综合任务为目标。智能建造是一个集成多环节的建造系统，所以智能建造装备或机器人相比于单纯的数字化、自动化建造设备，除了要具有独立判断和执行的能力，更要具有各种智能建造设备或机器人之间的集成性、交互性和协作性的特点。

作为建筑业突破劳动力建造的利器，智能建筑装备的研发工作始于20世纪70年代。早在1978年，日本就研制出世界第一台建筑机器人，如图1.15所示。经过40多年的发展，国外智能装备研发技术日趋成熟、种类繁多。我国在智能装备领域的研究起步较晚，智能建筑装备的研究集中在路桥建筑方面，在建筑建造领域的装备应用主要为模架装备、3D打印装备及建筑机器人等方面。

在智能模架装备方面，我国早在20世纪70年代初，就自行研制了倒链式爬升模板，80年代成功研制了应用液压千斤顶式爬升模板，80年代末、90年代初，首次提出整体钢平台模架装备理念，并自行研制了内筒外架整体爬升钢平台模架，并成功应用于上海东方明珠电视塔等工程；20世纪90年代末、21世纪初，整体钢平台智能模架装备不断得到完善和发展，先后研发了临时钢柱支撑式整体钢平台模架、劲性钢柱支撑式整体钢平台模架两种模架装备。目前，智能模架装备已广泛应用于超高层建筑、电视塔、桥墩、水塔、大坝、筒仓、烟囱等领域。

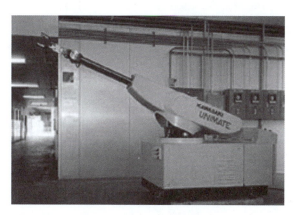

图 1.15　日本首台建筑机器人 Kawasaki-Unimate2000

建筑 3D 打印技术是一种以数字模型为基础、运用粉末状金属或非金属材料，通过逐层堆积的方式来构建自由形式建筑的快速成型技术。与传统建筑物建造方式相比，3D 打印建筑技术降低了材料、设备及人工等成本，同时可实现设计与成型一体化。3D 打印可以按照设计要求，设计不规则的墙体结构，具有墙体自重轻、材料成本低、施工工期短等优势，可显著提升建筑效率，缩短工期，做到节能减排，最具代表性之一的 3D 打印建筑迪拜政府，如图 1.16 所示，是全球最大的 3D 打印建筑。目前 3D 打印建筑主要用于打印建筑的墙体，仅应用于临时性或应急性建筑中。

图 1.16　3D 打印建筑迪拜政府

建筑智能化机器人非常适用于深入到建筑行业的各种恶劣环境中，如安装外墙干挂石材及铺设钢筋混凝土预制板等高危险、重体力的施工。该类型机器人最初是由日本发明的。1982 年日本清水公司开发的一台耐火材料喷涂机器人，被认为是首台建筑施工机器人。1994 年和 1996 年，德国分别设计制造了墙体砌筑机器人和混凝土施工机器人。2014 年，新加坡开发了地瓷砖铺设机器人。

我国建筑机器人研究起步较晚，但在政府、高校、科研院所、企业的共同努力下，发展迅速。目前，建筑机器人的开发与应用主要包括三个方面：一是推动建筑专业机器人的研发；二是对现有机械的改造；三是对既有机器人的应用。

基础技术篇

第2章

BIM技术与应用

■ 2.1 BIM概述

建筑信息模型（Building Information Modeling，BIM）是建筑学、工程学及土木工程的新工具。建筑信息模型一词是由Autodesk公司所创的，用来形容那些以三维图形为主、物件导向、建筑学相关的计算机辅助设计。

BIM技术是Autodesk公司在2002年率先提出，已经在全球范围内得到业界广泛认可，它可以帮助用户实现建筑信息的集成，从建筑的设计、施工、运行直至建筑全生命周期的终结，各种信息始终整合于一个三维模型信息数据库中，设计团队、施工单位、设施运营部门和业主等各方人员可以基于BIM进行协同工作，有效提高工作效率、节省资源、降低成本，以实现可持续发展。

BIM的核心是通过建立虚拟的建筑工程三维模型，利用数字化技术，为这个模型提供完整的、与实际情况一致的建筑工程信息库。该信息库不仅包含描述建筑物构件的几何信息、专业属性及状态信息，还包含了非构件对象（如空间、运动行为）的状态信息。借助这个包含建筑工程信息的三维模型，大大提高了建筑工程的信息集成化程度，从而为建筑工程项目的相关利益方提供了一个工程信息交换和共享的平台。

常用的BIM建模软件有以下3种：

1）Autodesk公司的Revit建筑、结构和设备软件，常用于民用建筑。

2）Bentley建筑、结构和设备系列，Bentley产品常用于工业设计（石油、化工、电力、医药等）和基础设施（道路、桥梁、市政、水利等）领域。

3）ArchiCAD属于一个面向全球市场的产品，应该可以说是最早的一个具有市场影响力的BIM核心建模软件。

■ 2.2 BIM技术的国内外发展现状

2.2.1 BIM在美国的发展状况

在美国的工程建设行业，应用BIM技术的工程已占多数，国家和行业协会都出具各类

BIM 标准，为 BIM 的规范化发展打下了坚实的基础。根据权威信息机构 McGraw-Hill 的调研，美国 BIM 应用率在 2007 年、2009 年与 2012 年分别为 28%、49% 与 71%，普及速度异常迅猛。至 2014 年，美国大型建筑企业 BIM 应用率达 91%，中型企业达 86%，小型企业也有 49%，而由美国政府负责投资建设的项目，必须全部使用 BIM 技术。BIM 的价值不断被认可。以下是对 BIM 发展做出很大贡献的机构：

（1）美国总务署（General Service Administration，GSA）是倡议公营项目采用建筑信息模型的先锋。早在 2003 年，GSA 机构之下的基础建筑设施服务（Public Building Service）部门的首席权威设计师办公室，为了增强建筑及其相关专业领域的生产能力、改善建筑业数字化现状，推出了 3D-4D-BIM 计划。从 2007 年开始，GSA 要求需要招投标级别的大企业都需要应用 BIM，最终成果展示及空间组织规划都需提交 BIM 模型，这是最低要求。只要是 GSA 的项目，都应采用 3D-4D-BIM 技术，并且根据项目的难易复杂程度及施工程序的不同，会给予相应的资金支持。

在美国，GSA 在工程建设行业技术会议如 AIA-TAP 中都十分活跃，GSA 项目也常被提名为年度 AIABIM 大奖，因此 GSA 对 BIM 的强大宣传直接影响并提升了美国整个工程建设行业对 BIM 的应用。

（2）美国陆军工程兵团（US Army Corps of Engineers，USACE）隶属于美国联邦政府和美国军队，为美国军队提供项目管理和施工管理服务，是世界上最大的公共工程、设计和建筑管理机构。2006 年 10 月，USACE 发布了为期 15 年的 BIM 发展路线规划，为 USACE 采用和实施 BIM 技术制定战略规划，以提升规划、设计和施工质量和效率，见表 2.1。规划中，USACE 承诺未来所有军事建筑项目都将使用 BIM 技术。

表 2.1　USACE 的 BIM 发展路线规划

实现时间	2008 年	2010 年	2012 年	2020 年
目标	初始操作能力	实现全生命周期的数据互用	全面操作能力	全生命周期任务的自动化
具体任务	8 个具备 BIM 生产力的标准化中心	90% 符合美国 NBIMS；所有地区都具备符合美国 BIM 标准的能力	在所有项目的招标投标公告、发包提交中必须符合美国 BIM 标准	利用美国 BIM 标准数据，有效降低项目造价与缩短工期

在发布发展路线规划之前，USACE 就已经采取了一系列的方式为 BIM 做准备。USACE 的第一个 BIM 项目是由西雅图分区设计和管理的一个无家眷军人宿舍项目，利用 Bentley 的 BIM 软件进行碰撞检查及算量。随后在 2004 年 11 月，USACE 路易维尔分区在北卡罗来纳州的一个陆军预备役训练中心项目也实施了 BIM，如图 2.1 所示。2005 年 3 月，USACE 成立了项目交付小组，研究 BIM 的价值并为 BIM 应用策略提供建议。同时，USACE 还研究合同模板，制定合适的条款来促使承包商使用 BIM。此外，USACE 要求标准化中心（COS）在标准化设计中应用 BIM 并提供指导。

（3）Building SMART 联盟（Building SMART Alliance，BSA）是美国建筑科学研究院（NIBS）在信息资源和技术领域的一个专业委员会，成立于 2007 年。BSA 致力于 BIM 的推广

图 2.1　无家眷军人宿舍项目

与研究，使项目所有参与者在项目生命周期阶段能共享准确的项目信息。BIM 通过收集和共享项目信息与数据，可以有效地节约成本、减少浪费。因此，BSA 的目标是在 2020 年前帮助建设部门节约 31% 的浪费或节约 4 亿美元。

BSA 下属的美国国家 BIM 标准项目委员会（National Building Information Model Standard Project Committee-United States，NBIMS-US）专门负责美国国家 BIM 标准（National Building Information Model Standard，NBIMS）的研究与制定。2007 年 12 月，NBIMS-US 发布了 NBIMS 的第一版的第一部分，主要包括了关于信息交换和开发过程等方面的内容，明确了 BIM 过程和工具的各方定义、相互之间数据交换要求的明细和编码，使不同部门可以开发充分协商一致的 BIM 标准，更好地实现协同。2012 年 5 月，NBIMS-US 发布 NBIMS 的第二版的内容。NBIMS 第二版的编写过程采用了开放投稿（各专业 BIM 标准）、民主投票决定标准的内容，因此，也被称为是第一份基于共识的 BIM 标准。

2.2.2　BIM 在英国的发展状况

2011 年 5 月底，英国内阁办公室发布：英国政府将在 2016 年要求其公共工程导入合作式 3D BIM 应用之五年计划，正式开启了英国建筑与营建产业迈向 BIM 世纪的序幕，如图 2.2 所示。英国除了政府在政策上推动 BIM，还有官方组织和民间团体也积极开展各种 BIM 活动来推动 BIM 发展。2011 年，由内阁办公室公布与推动 BIM 技术相关的政府营建政策（Government Construction Strategy）。英国内阁推动 BIM 愿景包括：英国营建产业的发展、英国在国际营建市场份额的提升、带动经济成长、与公共部门设施管理效率提升的软着陆。

政府要求强制使用 BIM 的文件得到了英国建筑业 BIM 标准委员会的支持。迄今为止，英国建筑业 BIM 标准委员会已发布了英国建筑业 BIM 标准、适用于 Revit 的英国建筑业 BIM 标准、适用于 Bentley 的英国建筑业 BIM 标准，并还在制定适用于 ArchiCAD、Vectorworks 的 BIM 标准，这些标准的制定为英国的建筑工程和施工企业从 CAD 过渡到 BIM 提供切实可行的方案和程序。

英国国家基准服务（National Benchmarking Service，NBS）在 2010 年、2011 年两个年度

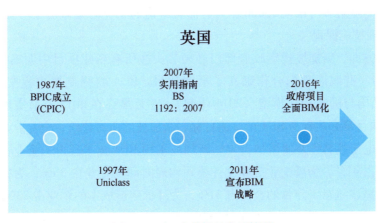

图 2.2　BIM 在英国的发展情况

组织了全国的 BIM 技术应用调研工作。该次调研共收集到 1000 份有效问卷，通过对问卷调查数据整理和分析，英国在普及 BIM 技术应用方面取得的效果非常明显，同意 BIM 技术是未来应用和发展趋势的人占 78%，同时受访者表示会在 5 年之内应用 BIM 技术的占 94%。

2018 年 5 月 10 日，英国 NBS 权威发布《NBS 国家 BIM 报告 2017》。报告中，根据调查指出，72% 的调查对象相信在设计/建造/维护生命周期中的成本节省将会被实现（2017 年该比例为 70%）；65% 的调查对象认为，BIM 有助于提高时间效率，减少项目从开始到结束的时间（2017 年为 60%）；46% 的调查对象认为，BIM 有助于减少温室气体排放（2017 年为 44%）。

2.2.3　BIM 在新加坡的发展状况

建筑管理署（Building and Construction Authority，BCA）是新加坡负责建筑业管理的国家机构，在 BIM 这一术语引进之前，新加坡当局就注意到信息技术对建筑业的重要作用。早在 1982 年，BCA 就有了人工智能规划审批的想法，2000—2004 年，发展 CORENET 项目，用于电子规划的自动审批和在线提交，是世界首创的自动化审批系统。2011 年，BCA 发布了新加坡 BIM 发展路线规划，规划明确推动整个建筑业在 2015 年前广泛使用 BIM 技术。为了实现这一目标，BCA 分析了面临的挑战，并制定了相关策略，见表 2.2。

表 2.2　新加坡 BIM 发展策略

挑战	缺乏需求	固守于二维实践	学习曲线陡峭	缺乏 BIM 人才
策略	政府部门带头	扫除障碍	建立 BIM 能力与产能	
	树立标杆	鼓励早期 BIM 应用者		

清除障碍的主要策略包括制定 BIM 交付模板，以减少从 CAD 到 BIM 的转化难度。2010 年 BCA 发布了建筑和结构的模板，2011 年 4 月发布了 M&E 的模板。另外，与新加坡 Building SMART 分会合作，制定了建筑与设计对象库，并明确在 2012 年以前合作确定发布项目协作指南。

为了鼓励早期的 BIM 应用者，BCA 于 2010 年成立了一个 600 万新元的 BIM 基金项目，任何企业都可以申请，基金分为企业层级和项目协作层级，公司层级最多可申请 20000 新元，用以补贴培训、软件、硬件与人工成本；项目协作层级需要至少 2 家公司的 BIM 协作，每家公司、每个主要专业最多可申请35000新元。而且申请的企业必须派员工参加BCA学院组织的BIM建模/管理技能课程。

在创造需求方面，新加坡规定政府部门必须带头在所有新建项目中明确提出BIM需求。2011年，BCA与一些政府部门合作确立了示范项目。BCA将强制要求提交建筑BIM模型（2013年起）、结构与机电BIM模型（2014年起），并且最终在2015年前实现所有建筑面积大于$5000m^2$的项目都必须提交BIM模型的目标。新加坡的所有建筑，全专业必须使用BIM技术；注册师采用电子签名，并使用加密狗。新加坡采用BIM技术理由的企业占比：为减少失误和遗漏的企业占41%，为减少业主和设计公司沟通时间的企业占35%，为提升建筑空间的企业占32%，为减少重复工作量的企业占31%，为降低建造成本的企业占23%。

在建立BIM能力与产量方面，BCA鼓励新加坡的大学开设BIM的课程、为毕业学生组织密集的BIM培训课程、为行业专业人士建立了BIM专业学位。

2.2.4　BIM在北欧的发展状况

北欧国家包括挪威、丹麦、瑞典和芬兰，是一些建筑业信息技术的主要软件厂商（如Tekla和Solibri）所在地，而且对匈牙利研发的ArchiCAD的应用率也很高。因此，这些国家是全球最先一批采用基于模型的设计的国家，而且以国际金融中心（International Finance Center，IFC）为代表的机构也在推动建筑信息技术的互用性和开放标准。北欧国家冬天漫长多雪，这使得建筑的预制化变得非常重要，这促进了包含丰富数据、基于模型的BIM技术的发展，这也导致了这些国家很早就进行了BIM的应用。与上述国家不同，北欧四国政府并未强制要求使用BIM，但由于当地气候的要求及先进建筑信息技术软件的推动，BIM技术的发展主要是企业的自觉行为，如Senate Properties，一家芬兰国有企业，也是芬兰最大的物业资产管理公司。2007年，Senate Properties发布了一份建筑设计的BIM要求。自2007年10月1日起，Senate Properties的项目仅强制要求建筑设计部分使用BIM，其他设计部分可根据项目情况自行决定是否采用BIM技术，但目标是全面使用BIM。该报告还提出，在设计招标时关于BIM将有强制性的要求，要求将BIM加入项目合同之中，具有法律约束力；建议在项目协作时，建模任务需创建通用的视图，并对其进行准确的定义；需要提交最终BIM模型，且建筑结构与模型内部的碰撞要存档；建模流程分为四个阶段：空间组建筑信息建模（Spatial Group BIM）、空间建筑信息建模（Spatial BIM）、初步建筑元素建筑信息建模（Preliminary Building Element BIM）和建筑元素建筑信息建模（Building Element BIM）。

BIM在瑞典的发展，可以追溯到2008年，施工企业从大型工程开始，尝试应用至今。2008—2018年的十年里，瑞典的BIM发展经历了从政府主导到企业自主应用的过程，大致可以分为四个时期，如图2.3所示。截至目前，瑞典政府已有5年没有政策上的强力推动，但是95%以上的施工项目拥有BIM模型，专业包含了结构、建筑、机电全专业模型。

2.2.5　BIM在日本的发展状况

在日本，有"2009年是日本的BIM元年"之说。大量的日本设计公司、施工企业开始应用BIM，而日本国土交通省也在2010年3月表示，已选择一项政府建设项目作为试点，探索

图 2.3　瑞典 BIM 发展经历的四个时期

BIM 在设计可视化、信息整合方面的价值与实施流程。日经 BP 社于 2010 年调研了 517 位施工企业与相关建筑行业从业人士，了解他们对于 BIM 的认知度与应用情况。结果显示，BIM 的知晓度从 2007 年的 30.2% 提升至 2010 年的 76.4%。2008 年的调研显示，采用 BIM 的最主要原因是 BIM 绝佳的展示效果，而 2010 年人们采用 BIM 主要用于提升工作效率。仅有 7% 的业主要求施工企业应用 BIM，这也表明日本企业应用 BIM 更多是企业自身的选择与需求。日本 33% 的施工企业已经应用 BIM，在这些企业当中近 90% 是在 2009 年之前开始实施的。

日本软件业较为发达，在建筑信息技术方面也拥有较多的国产软件，日本 BIM 相关软件厂商认识到，BIM 是需要多个软件来互相配合以完成数据集成，因此多家日本 BIM 软件商在 IAI 日本分会的支持下，以福井计算机株式会社为主导，成立了日本国产解决方案软件联盟。此外，日本建筑学会于 2012 年 7 月发布了日本 BIM 指南，从 BIM 团队建设、BIM 数据处理、BIM 设计流程、应用 BIM 进行预算、模拟等方面为日本的设计院和施工企业提供了应用指导。图 2.4 所示的位于日本北海道的"云之屋"温泉酒店就是利用 BIM 设计完成的。

图 2.4　"云之屋"温泉酒店

2.2.6　BIM 在韩国的发展状况

Building SMART Korea 与延世大学于 2010 年进行了一次调研，问卷调查表共发给了 89 个建筑、工程和施工领域的企业，34 个企业给出了答复：其中 26 个公司已经采用了 BIM 技术。

在其项目中，3个企业报告正准备采用 BIM 技术，而 4 家企业尽管某些项目已经尝试 BIM 技术，但是还没有准备开始在公司范围内采用 BIM 技术。

韩国在运用 BIM 技术上十分领先，多个政府部门都致力于制定 BIM 的标准，如韩国公共采购服务中心（简称 PPS）和韩国国土交通和海洋部。韩国公共采购服务中心是韩国所有政府采购服务的执行部门。2010 年 4 月，PPS 发布了 BIM 路线规划表，见表 2.3。

表 2.3 韩国 BIM 路线规划表

内容	短期 （2010—2012 年）	中期 （2013—2015 年）	长期 （2016 年）
目的	通过扩大 BIM 应用来提高设计质量	构建 4D 设计预算管理系统	设施管理全部采用 BIM，实现行业革新
对象	500 亿韩元以上的交钥匙工程及公开招标项目	500 亿韩元以上的公共工程	所有公共工程
方法	通过积极的市场推广促进 BIM 的应用，编制 BIM 应用指南，并每年更新，BIM 应用的奖励措施	建立专门管理 BIM 产业的诊断队伍；建立基于 3D 数据的工程项目管理系统	利用 BIM 数据库进行施工管理、合同管理及总预算审查
预期成果	通过 BIM 的应用，提高客户满意度，促进民间部门的 BIM 的应用；通过设计阶段多样的检查校核措施，提高设计质量	提高项目造价管理与进度管理水平，实现施工阶段设计变更最少化，减少资源浪费	革新设施管理并强化成本管理

韩国主要的建筑公司都在积极采用 BIM 技术，如现代建设、三星建设、空间综合建筑事务所、大宇建设、GS 建设、Daelim 建设等公司。其中，Daelim 建设公司将 BIM 技术应用到桥梁的施工管理中，BMIS 公司利用 BIM 软件 digital project 进行建筑设计阶段及施工阶段的一体化研究和实施等。

2.2.7 BIM 在国内的发展情况

近年来，BIM 在国内建筑业形成一股热潮，除了前期软件厂商的大声呼吁，政府相关单位、各行业协会与专家、设计单位、施工企业、科研院校等也开始重视并推广 BIM。2010 年与 2011 年，中国房地产业协会商业地产专业委员会、中国建筑业协会工程建设质量管理分会、中国建筑学会工程管理研究分会、中国土木工程学会计算机应用分会组织并发布了《中国商业地产 BIM 应用研究报告 2010》和《中国工程建设 BIM 应用研究报告 2011》，如图 2.5 所示，这是国内第一次有组织地对国内 BIM 的发展现状进行研究。虽然样本不多，但在一定程度上反映了 BIM 在我国工程建设行业的发展现状。根据两届的报告，关于 BIM 的知晓程度从 2010 年的 60% 提升至 2011 年的 87%。2011 年，共有 39% 的单位表示已经使用了 BIM 相关软件，而其中以设计单位居多。早在 2010 年，清华大学通过研究，参考美国国家 BIM 标准（简称 NBIMS），结合调研提出了中国建筑信息模型标准框架（简称 CBIMS），并且创造性地将该标准框架分为面向 IT 的技术标准与面向用户的实施标准。2011 年 5 月，住建部发布的《2011—2015 年建筑业信息化发展纲要》中，明确指出：在施工阶段开展 BIM 技术的研究与应用，推进 BIM 技术从设计阶段向施工阶段的应用延伸。

图 2.5　BIM 在国内的发展情况

为促进住房和城乡建设领域科技发展，依据《中华人民共和国国民经济和社会发展第十四个五年规划和 2035 年远景目标纲要》中共中央办公厅、国务院办公厅发布的《关于推动城乡建设绿色发展的意见》和国家科技创新相关规划，住房和城乡建设部印发了《"十四五"住房和城乡建设科技发展规划的通知》（以下简称《规划》）。《规划》中提到以支撑建筑业数字化转型发展为目标，研究 BIM 与新一代信息技术融合应用的理论、方法和支撑体系，研究工程项目数据资源标准体系和建设项目智能化审查、审批关键技术，研发自主可控的 BIM 图形平台、建模软件和应用软件，开发工程项目全生命周期数字化管理平台。

1）BIM 与新一代信息技术融合应用的理论、方法和支撑体系。研究 5G、大数据、云计算、人工智能等新一代信息技术与工程建设全产业链 BIM 应用融合的理论、方法和支撑体系，以及多技术融合发展战略和实施路径。

2）工程项目数据资源标准体系。结合 BIM 与多源异构数据的管理，建立项目数据资源标准体系，完善 BIM 基础数据标准和 BIM 数据应用标准，开展工程建设规范和标准性能指标数字化研究。

3）自主可控的 BIM 图形平台、建模软件和应用软件。研发高性能三维图形几何造型和渲染等核心引擎，搭建自主可控的 BIM 三维图形平台，开发 BIM 建模软件及设计、施工和运维应用软件。

4）工程项目全生命周期数字化管理平台。研究基于 BIM 的跨建设阶段管理流程和数据融合标准，研发贯通工程建设全过程的数字化管理平台，推进 BIM 技术在勘察、设计、制造、施工、运维全生命周期的集成与深入应用。

5）基于 BIM 的工程项目智能化监管关键技术。研究工程质量安全等智能化监管算法、标准和数字化技术、人工智能辅助审查技术，支撑工程建设项目报建审批、设计审查、工程质量安全检查，实现以远程监管、移动监管、预警防控为特征的数字化监管。

2.3　BIM 技术的特点

BIM 技术具有以下 8 个特点：

（1）信息的完备性　信息的完备性是指不仅可以对建筑工程项目进行三维几何信息的表

达,还能对其非几何信息进行表达,这样就组成了建筑工程项目一套完整的真实信息表现形式,如图元型号、结构样式、方案内容、建筑物性能指标等设计阶段的信息,工艺技术流程、生产进度、质量安全、成本及人材机物资等施工阶段的信息,以及设备设施的维保信息、材料的耐火等级、结构构件的受力监测等运维阶段的信息。

(2) 信息的关联性 BIM 模型中的图元是可识别且参数信息是互相联动的,软件平台可以针对 BIM 模型所承载的信息进行实时更新计算,并生成对应的图表和数据。如果 BIM 模型中的任一个图元模块发生了变动,与之联动的其他所有构件信息和参数都将发生同样的更新与变动。

(3) 信息的一致性 在建筑工程项目的全生命周期的各个阶段节点,与其对应的 BIM 模型中所含的数据参数信息是互相一致的,不会存在重叠信息,并且 BIM 模型所含的信息一直保持着实时联动更新,不同阶段的 BIM 模型可以简单地进行维护与更新,而无须重新建模,从而减少了信息不一致的错误。

(4) BIM 模型的可视化 可视化即"所见所得"的形式,对于建筑行业来说,可视化的真正运用在建筑业的作用是非常大的,如经常拿到的施工图纸,只是各个构件的信息在图纸上采用线条绘制表达,但是其真正的构造形式需要建筑业从业人员去自行想象了。BIM 提供了可视化的思路,让人们将以往的线条式构件形成一幅三维的立体实物图形展示在人们的面前,如图 2.6 所示。建筑业也有设计方面的效果图,但是这种效果图不含有除构件的大小、位置和颜色以外的其他信息,缺少不同构件之间的互动性和反馈性,而 BIM 的可视化是一种能够同构件之间形成互动性和反馈性的可视化。由于整个过程都是可视化的,不仅可以用效果图展示及报表生成,而且项目设计、建造、运营过程中的沟通、讨论、决策都在可视化的状态下进行。

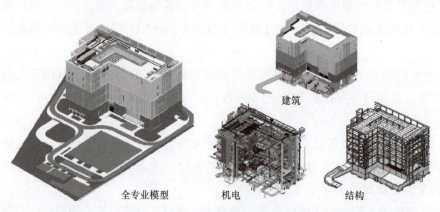

图 2.6 BIM 模型的可视化

(5) BIM 的协调性 协调是建筑业中的重点内容,无论是施工单位,还是业主及设计单位,都在做着协调及相互配合的工作。一旦项目的实施过程中遇到了问题,就要将各有关人员组织起来开协调会,找各个施工问题发生的原因及解决办法,然后做出变更,采取相应补救措施来解决问题。在设计时,往往由于各专业设计师之间的沟通不到位,出现各种专业之间的碰撞问题。如暖通等专业中的管道在进行布置时,由于各专业施工图是绘制在各自的施工图纸上的,在真正施工过程中,可能在布置管线时正好在此处有结构设计的梁等构件而阻碍管线的布置，像这种碰撞问题就只能在问题出现之后再协调解决。BIM 的协调性服务就有助于处理这种问题，也就是说，BIM 可在建筑物建造前期对各专业的碰撞问题进行协调，生成并提供协调数据。当然，BIM 的协调作用不仅仅是解决各专业间的碰撞问题，它还可以解决如电梯井布置与其他设计布置及净空要求的协调、防火分区与其他设计布置的协调、地下排水布置与其他设计布置的协调等。

（6）BIM 的模拟性　　模拟性并不是只能模拟设计出的建筑物模型，还可以模拟不能够在真实世界中进行操作的事物。在设计阶段，BIM 可以对设计上需要模拟的一些环节进行模拟实验，如节能模拟、紧急疏散模拟、日照模拟、热能传导模拟等；在招标投标和施工阶段可以进行 4D 模拟（三维模型加项目的发展时间），也就是根据施工的组织设计模拟实际施工，从而确定合理的施工方案来指导施工；进行 5D 模拟（基于 4D 模型加造价控制），从而实现成本控制；后期运营阶段可以模拟日常紧急情况的处理方式，如地震人员逃生模拟及消防人员疏散模拟等。

（7）BIM 的优化性　　事实上整个设计、施工、运营的过程就是一个不断优化的过程。当然优化和 BIM 也不存在实质性的必然联系，但在 BIM 的基础上可以做更好的优化。优化受三种因素的制约：信息、复杂程度和时间。没有准确的信息，做不出合理的优化结果。BIM 模型提供了建筑物实际存在的信息，包括几何信息、物理信息、规则信息，还提供了建筑物变化以后的实际存在信息。复杂程度较高时，参与人员本身的能力无法掌握所有的信息，必须借助一定的科学技术和设备。现代建筑物的复杂程度大多超过参与人员本身的能力极限，BIM 及与其配套的各种优化工具提供了对复杂项目进行优化的可能。

（8）BIM 的可出图性　　BIM 模型不仅能绘制常规的建筑设计图纸及构件加工的图样，还能通过对建筑物进行可视化展示、协调、模拟、优化，并出具各专业图样及深化图样，使工程表达更加详细。

2.4　BIM 技术在智能建造中的应用

2.4.1　BIM 技术在建筑施工领域的应用

1. 项目前期策划阶段

项目前期策划阶段对整个建筑工程项目的影响很大，美国 HOK 建筑师事务所麦克利米曾提出著名的麦克利米曲线，如图 2.7 所示。该图表明，在项目前期的优化对于项目的成本和功能影响是最大的，而优化设计的费用是最低的；在项目后期优化对于成本和功能影响在逐渐变小，优化设计的费用却逐步增高。出于上述原因，在项目的前期应当尽早应用 BIM 技术。BIM 技术应用在项目前期的工作有很多，包括现状建模与模型维护、场地分析、成本估算、阶段规划、规划编制、建筑策划等。

（1）投资估算　　应用 BIM 系统强大的信息统计功能，在方案阶段可运用数据指标等方法获得较为准确的土建工程量及土建造价，同时可用于不同方案的对比，可以快速得出成本的变动情况，权衡出不同方案的造价优劣，为项目决策提供重要而准确的依据。BIM 技术可运

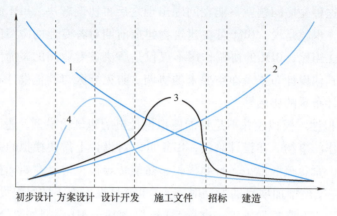

图 2.7 麦克利米曲线
1—影响成本和功能能力的能力　2—设计变更的成本　3—传统的设计过程　4—首选设计过程

用计算机强大的数据处理能力进行投资估算，这大大减少了造价工程师的计算工作量，造价工程师可节省时间从事更有价值的工作（如确定施工方案、评估风险等），进一步能细致考虑施工中许多节约成本的专业问题等，这对于编制高质量的预算来说非常重要。

（2）现状模型　根据现有的资料把现状图样导入到基于 BIM 技术的软件中，创建出道路、建筑物、河流、绿化及高程的变化起伏，并根据规划条件创建出本地块的用地红线及道路红线，并生成面积指标。

（3）总图规划　在现状模型的基础上，根据容积率、绿化率、建筑密度等建筑控制条件创建工程的建筑体块的各种方案，创建体量模型，做好总图规划、道路交通规划、绿地景观规划、竖向规划及管线综合规划。

（4）环境评估　根据项目的经纬度，借助相关的软件采集此地的太阳及气候数据，并基于 BIM 模型数据利用相关的分析软件进行气候分析，对方案进行环境影响评估，包括日照环境影响、风环境影响、热环境影响、声环境影响等评估。某些项目还需要进行交通影响模拟。

2. 设计阶段

BIM 在建筑设计的应用范围非常广泛，无论是在设计方案论证，还是在设计创作、协同设计、建筑性能分析、结构分析，以及在绿色建筑评估、规范验证、工程量统计等许多方面都有广泛的应用，如图 2.8 所示。

（1）设计方案论证　BIM 三维模型展示的设计效果十分方便评审人员、业主对方案进行评估，甚至可以就当前设计方案讨论施工可行性及如何削减成本、缩短工期等问题，可为修改方案提供切实可行的建设。由于使用可视化方式进行，可获得来自最终用户和业主的积极反馈，使决策的时间大大减少，促成共识。

（2）设计创作　由于在 BIM 软件中组成整个设计的就是门、窗、墙体等单个 3D 构件元素，则设计过程就是不断确定和修改各种构件的参数，这些建筑构件在软件中是数据关联、智能互动的，而最终设计成果的交付就是 BIM 模型，所有平面、立面、剖面二维图样都可以根据模型随意生成，由于图样来源都是同一个 BIM 模型，所以所有图样和图表数据都是互相关联的，也是实时互动的，从根本上避免了不同视图不同专业图样出现的不一致现象。

图 2.8　BIM 在建筑设计中的应用流程

（3）协同设计　BIM 技术使不同专业的甚至是身处异地的设计人员都能够通过网络在同一个 BIM 模型上展开协同设计，使设计能够协调进行。以往各专业各视角之间不协调的事情时有发生，即使花费了大量人力物力对图样进行审查仍然不能把不协调的问题全部改正过来。有些问题到了施工过程才能发现，给材料、成本、工期造成了很大的损失。应用 BIM 技术及 BIM 服务器，通过协同设计和可视化分析就可以及时解决上述设计中的不协调问题，保证了后期施工的顺利进行。

（4）绿色建筑评估　BIM 模型中包含了用于建筑性能分析的各种数据，只要数据完备，将数据通过 IFC、gbXML 等交换格式输入到相关的分析软件中，即可进行当前项目的节能分析、采光分析、日照分析、通风分析及最终的绿色建筑评估。

（5）工程量统计　BIM 模型信息的完备性大大简化了设计阶段对工程量的统计工作，模型的每个构件都和 BIM 数据库的成本库相关联，当设计师在对构件进行变更时，成本估算都会实时更新。

在用二维 CAD 技术进行设计时，绘图的工作量很大，设计师无法花很多时间对设计方案进行精心推敲。应用 BIM 技术，只要完成了设计构想，确定了 BIM 模型的最后构成，就可以根据模型生成各种施工图，而且由于 BIM 技术的协调性，后期调整设计的工作量是很小的，这样设计质量和图样质量都得到了保障。

3. 施工阶段

BIM 技术在施工阶段可以有如下多个方面的应用：3D 协调/管线综合、支持深化设计、场地使用规划、施工系统设计、施工进度模拟、施工组织模拟、数字化建造、施工质量与进度监控、物料跟踪等。

（1）碰撞综合协调　在施工开始前利用 BIM 模型的可视化特性对各个专业（建筑、结构、给水排水、机电、消防、电梯等）的设计进行空间协调，检查各个专业管道之间的碰撞，以及管道与结构的碰撞，如发现碰撞及时调整，这样就较好地避免施工中管道发生碰撞和拆除重新安装的问题。

（2）施工方案分析　在 BIM 模型上对施工计划和施工方案进行分析模拟，充分利用空间和资源整合，消除冲突，得到最优施工计划和方案。特别是对于新形式、新结构、新工艺和复杂节点，可以充分利用 BIM 的参数化和可视化特性对节点进行施工流程、结构拆解、配套工器具等角度的分析模拟，可以改进施工方案实现可施工性，以达到降低成本、缩短工期、减少错误和浪费的目的。

（3）数字化建造　数字化建造的前提是详尽的数字化信息，而 BIM 模型的构件信息都以数字化形式存储。像数控机床这些用数字化建造的设备需要的就是描述构件的数字化信息，这些数字化信息为数控机床提供了构件精确的定位信息，为建造提供了必要条件。

（4）施工科学管理　通过 BIM 技术与 3D 激光扫描、视频、图片、GPS、移动通信、RFID（射频识别）、互联网等技术的集成，可以实现对现场的构件、设备及施工进度和质量的实时跟踪。另外，通过 BIM 技术和管理信息系统的集成，可以有效支持造价、采购、库存、财务等的动态精确管理，减少库存开支，在竣工时可以生成项目竣工模型和相关文件，有利于后续的运营管理；并且业主、设计方、预制厂商、材料供应商等可利用 BIM 模型的信息集成化与施工方进行沟通，提高效率，减少错误。

总的来说，应用 BIM 技术可以为建筑施工带来新的面貌。

4. 运营维护阶段

在运营维护阶段，BIM 可以有如下这些方面的应用：竣工模型交付与维护计划、建筑系统分析、资产管理、空间管理与分析、防灾计划与灾害应急模拟。

（1）竣工模型交付与维护计划　施工方竣工后对 BIM 模型进行必要的测试和调整再向业主提交，这样运营维护管理方得到的不只是设计和竣工图纸，还能得到反映真实状况的 BIM 模型，里面包含了施工过程记录、材料使用情况、设备的调试记录及状态等资料。BIM 能将建筑物空间信息、设备信息和其他信息有机地整合起来，结合运营维护管理系统可以充分发挥空间定位和数据记录的优势，合理制订运营、管理、维护计划，尽可能降低运营过程中的突发事件。

（2）资产管理　通过 BIM 建立维护工作的历史记录，可以对设施和设备的状态进行跟踪，对一些重要设备的适用状态提前预判，并自动根据维护记录和保养计划提示到期需保养的设备和设施，对故障的设备从派工维修到完工验收、回访等均进行记录，实现过程化管理。另外，如果基于 BIM 的资产管理系统能和诸如停车场管理系统、智能监控系统、安全防护系统等物联网结合起来，实行集中后台控制与管理，则能很好地解决资产的实时监控、实时查询和实时定位，并且实现各个系统之间的互联、互通和信息共享。

（3）防灾计划与灾害应急模拟　基于 BIM 模型丰富的信息，可以将模型以 IFC 等交换格式导入灾害模拟分析软件，分析灾害发生的原因，制订防灾措施与应急预案。灾害发生后，将 BIM 模型以可视化方式提供给救援人员，让救援人员迅速找到合适的救灾路线，提高救灾成效。

（4）空间管理与分析　应用 BIM 技术可以处理各种空间变更的请求，合理安排各种应用的需求，并记录空间的使用、出租、退租的情况，实现空间的全过程管理。

2.4.2　BIM 技术在机械领域的应用

1. BIM 技术在机械工程总体布局图中的应用

随着 BIM 技术的兴起，越来越多的机械工程应用 BIM 技术，以解决不同工程阶段所面临的问题。在机械工程总体布局图设计过程中，各专业设计师制作地形、建筑、结构、设备、管线等模型，对真实现场进行仿真，检查厂区道路、车间内部、设备之间间距和空间是否满足要求，完成各专业内的局部调整和专业间的协同，推动设计师和用户探索并优化设计，改善项目参与方之间的协作；并且可从 BIM 三维模型中自动提取并生成项目详细工程图和平剖图，提升其质量与准确性，更快地准备图样，并随时修订更新，消除手动统计，有效提高工作效率、节省资源、降低成本。

2. BIM 技术在机械工艺方案模拟优化方面的应用

在机械工程的工艺方案设计过程中，各设备及管线的布置方案是影响生产效率的重要环节。有的工艺方案可能会占用更大的作业空间，影响人员作业空间、作业安全和整洁美观；有的工艺方案会增加物流距离、管线、能源消耗，有的工艺方案会造成远期运维成本等。通过 BIM 在工艺方案模拟优化方面进行深化设计，可以直观对比不同方案中各设备、管线与建筑、空间的接口关系，检查综合管线是否出现交叉碰撞，同时也能找到故障问题存在的地方，大大降低故障发生的概率。此外，BIM 技术可以将工艺方案中各个设备的数据分项，在整体的角度上进行数据分析，有效提高了设计人员的工作效率，减轻了设计人员的工作负担，同时可以综合评价各个工艺方案的优劣，为项目参与方选择最佳方案。

3. BIM 技术在机械工程建模中的应用

在 BIM 技术应用之前，机械工程设计技术人员只能够依赖于传统的纸质绘制方式来进行设计方案的设计，不仅会花费大量的人力、物力与时间，还可能会因局部错误而导致整个方案需要推翻重新进行绘制，得不偿失。除此之外，传统的绘制方法使得设计方案不易长时间保存，即使工作人员设计完善、效果良好，也无法避免其在应用时仍然保持清晰的状态。在这种情况下，BIM 技术的出现，使得实体设计理念成为现实，且其并非利用传统的数学线条来将整个设计图表示出来，而是利用建模软件来将整个机械工程设计进行了三维可视化优化调整，以动态地形式展示出来，使得设计人员可直观地了解到整个机械工程设计中需要打孔、焊接及切削等预留孔洞部分，可更正原二维设计图纸中孔洞少留、漏留、错留等现象，得到准确的预留孔洞尺寸和位置，减少甚至避免后期设备管线安装过程中因预留孔洞位置不准确造成的二次打凿甚至返工。与此同时，对于实施技术操作人员来说，一些无法用语言表达清楚的内容也可通过 BIM 技术展示出来，让操作人员更加确切地了解到设计图纸中所有内容，确保设计方案最优并可直接应用于施工指导。

4. BIM 技术在机械工程设计中的应用趋势

虽然 BIM 技术已经全面使用在机械工程设计领域中，不过仍需要不断完善，尤其是在工艺平面布置图中，部分设备的空间位置只是符号化表达，布置方案也是原理性示意，无法直接应用于施工指导。因此在现场安装过程中，往往依靠作业人员的现场经验进行安装，导致现场安装顺序比较混乱，安装方案的合理性也有待商榷。未来 BIM 技术的应用会以智能化与网络化为主，尤其是智能时代的到来，促使 BIM 技术更加全面，其功能也会更为完善，不仅对绘图、建模有帮助，还能实现有限元分析软件的对接。当下需要加大对 BIM 中的功能研究与关键技术研究，促使其向着智能化方向发展，尤其是与 Autodesk Revit 和 Navisworks 等软件的融合，可以借助该机械模型分析，满足机械模型的信息管理、自动化产生图形及报表、工程仿真及设施维护管理等功能，改善以往在机械工程设计中的问题，从而促进机械工程设计的有利发展。

综上所述，BIM 技术在我国当下的机械工程设计中有着极为重要的地位和作用，克服了二维图样存在的问题，强化了工程设计和施工单位之间的联系，提高了机械工程设计的全面性和准确性。对此，为了更好地加强 BIM 技术在我国机械工程设计中的应用成效，需要针对实际的应用情况进行仔细分析，以此来促进我国机械工程设计的进一步发展。

2.4.3　BIM 技术的应用实例

1. 北京冬奥会场馆"雪如意"

北京冬奥会国家跳台滑雪中心（简称雪如意，如图 2.9、图 2.10 所示），项目由主体建筑、训练跳台及综合区组成，占地约 $62hm^2$。主体建筑由山上顶峰俱乐部、山下体育场及二者之间的竞赛区组成。其中顶峰俱乐部设置三个主要楼层（标准跳台出发层、大跳台出发层、观光及会议功能楼层）采用异型钢框架结构，顶部圆环直径 80m，总用钢量约 1800t。作为依山而建的运动赛道，异形结构较多，通过传统 CAD 设计并利用二维图样审图的方式，无法有效直观地表达出各构件之间的空间关系。将 BIM 技术引入工程设计阶段，利用 BIM 相关软件可减少图样修改对于项目进度造成的影响。通过生态化设计、加工、施工阶段应用 BIM 技术，实现工程精准、高效建造。BIM 三维可视化交底，可实现现有进度与计划进度实时对比、多层级进度信息展示、关键线路及里程碑节点管控、轻量化三维模型施工进度管理。

图 2.9　北京冬奥会国家跳台滑雪中心

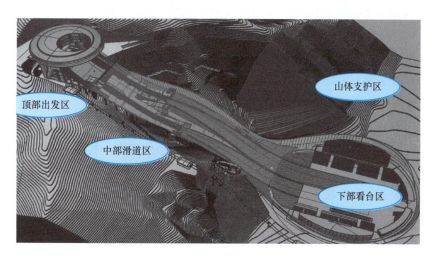

图 2.10　北京冬奥会国家跳台滑雪中心各区域示意

2. 确定赛道工程 BIM 建模标准

北京冬奥会申办之前，我国尚无赛道类工程数字化模型标准。赛道工程从设计、建造到运维各项工作中的信息集成数据大部分来源于数字化模型，为保证模型质量，实现 BIM 技术应用效果，在应用中必须遵守一定的建模原则及标准。因此，制定了《国家跳台滑雪中心数字化建模标准》，主要包括赛道建模基本规定、模型细度、模型文件命名规则、色彩规定、BIM 成果创建标准等信息；细化了该项目的数字化模型的交付标准，制定了赛道工程的竣工模型信息交付标准等。

3. 利用 BIM 建立山地模型

山区赛道工程不同于其他房屋建筑工程，国家跳台滑雪中心主体建筑结构建于山坡之上，赛道线型设计和施工受山体地形及周边环境因素影响。由于地形复杂，山体间存在复杂性和不确定性因素，设计人员往往无法准确掌握实际环境信息，导致赛道设计可能存在未发现的问题，直到现场施工时才会发现结构构件之间存在的冲突。运用 Revit 软件将山体地形图按照 1∶100 比例进行缩放，导入软件平面视图中，如图 2.11 所示，根据国家跳台滑雪中心所处地形区域及底部高程位置，结合地形图中所给高程点确定山体各地势层标高。

图 2.11　山体地形图

4. 利用 BIM 建立构件参数统计

整个滑雪跳台依山而建，异型结构较多，滑道区主体结构的梁、柱大多是异型构件，

Revit软件中自带的常规族库已无法满足建模需求。对于截面不同并带有角度的斜梁,通过新建族文件,将CAD图导入Revit软件中,将图样中所需要的异型构件,通过新建族的方式进行绘制,建立参数化族库,对于截面相同的构件通过改变参数减少重复性建模,实现构件模型批量修改、一模多用,提高了建模效率。在绘制滑道模型时,通过载入族的方式,可以从新建的参数化族库中选取相对应的构件,并将其载入到模型中。

5. 利用BIM技术进行复杂节点深化设计

该工程滑道区采用混凝土和钢结构组合体系,空间结构复杂。传统二维图样可视化程度低,使设计人员的设计意图无法有效直观地表达出来。利用BIM技术三维可视化特点,将复杂节点的空间结构通过三维模型、动态模拟展示出来,有效传递图样的设计意图,使现场施工人员清晰明了。

BIM工程量统计是指在项目BIM应用过程中,对BIM基础模型适度深化和补充相关构件属性,输出符合概预算需求工程量的过程。应用BIM技术进行工程量统计,不仅可提高工程量统计的精准度,还有助于设计人员通过输出的明细表,并结合设计图样,对工程量存有疑问的构件实现快速定位。在施工前根据输出的报表对工程进度、工程材料的选用进行预判,从而做出最优方案,能够节约工程成本,减少浪费,提高工程效率。

第 3 章

大数据技术与应用

■ 3.1 大数据技术概述

3.1.1 大数据的概念

在目前这个智能时代，互联网技术、物联网技术都得到了发展，世界数据量及信息都呈指数级增长，对于各个行业都是一个巨大的挑战，也促进了大数据时代的来临。大数据的发展对人们的传统生活造成了很大的冲击，迫使人们需要改变现有的工作及生活模式来适应其出现，同时企业的管理经营方式及理念也随着大数据的发展产生了改变，变得更加高效。建筑行业作为一个数据量比较大的一个代表性行业，大数据成为其主要特征。大数据技术与应用研究方向是将大数据分析挖掘与处理、移动开发与架构、软件开发、云计算等前沿技术相结合的"互联网+"前沿科技专业。大数据技术，从本质上来说就是从类型各异、内容庞大的数据中快速获得有价值信息的技术。

3.1.2 大数据的发展历程

从大数据的发展历程来看，大体可以分为三个重要阶段：萌芽期、成熟期和大规模应用期，具体见表 3.1。

表 3.1 大数据的发展历程

阶段	时间	内容
第一阶段：萌芽期	20 世纪 90 年代—21 世纪初	大数据作为一种构想或者假设被极少数学者进行仅限于数据量的研究和讨论，并没有进一步探索数据的收集、处理和存储等问题
第二阶段：成熟期	2001—2010 年	21 世纪的前十年，互联网行业飞速发展，IT 技术也不断升级，大数据最先在互联网行业得到重视。大数据作为一个新兴名词开始被理论界所关注，其概念和特点被进一步丰富，相关的数据处理技术相继出现，大数据开始展现活力
第三阶段：大规模应用期	2010 年至今	大数据基础技术成熟之后，学术界及企业界纷纷开始转向应用研究，2013 年大数据技术开始向商业、科技、医疗、政府、教育、经济、交通、物流及社会的各个领域渗透，因此 2013 年也被称为大数据元年

目前，随着大数据领域被广泛关注，大量新技术的不断涌现，而这些技术将成为或者已

经成为大数据采集、存储、分析、表现的重要工具。

3.2 大数据技术的国内外发展现状

3.2.1 国外发展现状

当前,许多国家的政府和国际组织都认识到了大数据的重要作用,纷纷将开发利用大数据作为夺取新一轮竞争制高点的重要抓手,实施大数据战略,对大数据产业发展有着高度的热情。

美国政府将大数据视为强化美国竞争力的关键因素之一,把大数据研究和生产计划提高到国家战略层面。在美国的先进制药行业,药物开发领域的最前沿技术是机器学习,即算法利用数据和经验教会机器辨别哪种化合物同哪个靶点相结合,并且发现对人眼来说不可见的模式。根据前期计划,美国希望利用大数据技术实现在多个领域的突破,包括科研教学、环境保护、工程技术、国土安全、生物医药等。其中具体的研发计划涉及了美国国家科学基金会、国家卫生研究院、国防部、能源部、国防部高级研究局、地质勘探局六个联邦部门和机构。

目前,欧盟在大数据方面的活动主要涉及四方面内容:研究数据价值链战略因素;资助"大数据"和"开放数据"领域的研究和创新活动;实施开放数据政策;促进公共资助科研实验成果和数据的使用及再利用。欧盟在大数据技术的发展现状上注重保护个人隐私、促进数据共享与开放、推动数据标准化、关注数据治理和伦理,以及加强数据安全和网络安全方面的工作。这些努力旨在建立一个可信赖和创新的数字经济环境。

英国在 2017 年议会期满前,开放有关交通运输、天气和健康方面的核心公共数据库,并在五年内投资 1000 万英镑建立世界上首个开放数据研究所;政府将与出版行业等共同努力,尽早实现对得到公共资助产生的科研成果的免费访问,英国皇家学会也在考虑如何改进科研数据在研究团体及其他用户间的共享和披露;英国研究理事会将投资 200 万英镑建立一个公众可通过网络检索的"科研门户",为科研工作者提供更好的服务。

法国政府为促进大数据领域的发展,以培养新兴企业、软件制造商、工程师、信息系统设计师等为目标,开展了一系列的投资计划。法国政府在其发布的《数字化路线图》中表示将大力支持"大数据"在内的战略性高新技术,法国软件联盟曾号召政府部门和私人企业共同合作,投入 3 亿欧元资金用于推动大数据领域的发展。法国生产振兴部部长 Amaud Montebourg、数字经济部副部长 Fleur Pellerin 和投资委员 Louis Gallois 在第二届巴黎大数据大会结束后的第二天共同宣布了将投入 1150 万欧元用于支持 7 个未来投资项目。这足以证明法国政府对于大数据领域发展的重视。法国政府投资这些项目的目的在于通过发展创新性解决方案并将其用于实践,促进法国在大数据领域的发展。众所周知,法国在数学和统计学领域具有独一无二的优势。

日本为了提高信息通信领域的国际竞争力、培育新产业,同时为了应用信息通信技术应对抗灾救灾和核电站事故等社会性问题,在 2013 年 6 月公布了新 IT 战略——"创建最尖端 IT 国家宣言"。"宣言"全面阐述了 2013—2020 年期间以发展开放公共数据和大数据为核心的日本新IT国家战略，提出要把日本建设成为一个具有"世界最高水准的广泛运用信息产业技术的社会"。

在印度，大数据技术也已成为信息技术行业的"下一个大事件"，不仅印度的小公司纷纷涉足大数据市场淘金，一些外包行业巨头也开始进军大数据市场，试图从中分得一杯羹。2016年，印度全国软件与服务企业协会预计，印度大数据行业规模在3年内将到12亿美元，是当时规模的6倍，同时还是全球大数据行业平均增长速度的两倍。在数据开放方面，印度效仿美国政府的做法，制定了一个一站式政府数据门户网站datagovin，把政府收集的所有非涉密数据集中起来，包括全国的人口、经济和社会信息。

3.2.2 国内发展现状

中国拥有全球最庞大的数据生产群体，在大数据子市场方面，以增速较快的软件市场为例，非人工智能软件平台、非关系分析数据存储及终端用户查询、报告和分析有望成为中国三大热点子市场，这些市场的总和约占中国大数据软件市场的48.4%，并将在2025年提高至58.8%，五年复合增长率均在40%以上。

在中国大数据行业应用方面，银行、制造、通信及地方政府构成了2020年中国大数据市场38%的市场支出，并将保持领先优势至2024年。全拓数据认为，不同规模、行业和区域的终端用户在内部的数字化能力存在差异，就目前增速而言，大数据市场将在医疗保健、专业服务及地方政府三个领域内较快发展。尤其是地方政府方面，随着数字政府建设等政策推动，地方政府在智慧大屏、政务数据查询分析、共享数据交换等场景的投入将持续高速增长。

我国大数据企业主要分布在北京、广东、上海、浙江等经济发达省份，是全国大数据产业发展的第一梯队；南京、武汉、天津、成都、苏州、重庆和合肥等直辖市或省会城市组成第二梯队；厦门、贵阳、郑州、福州等城市紧随其后，位于第三梯队。受政策环境、人才创新、资金资源等因素的影响，北京大数据产业实力雄厚，大数据企业数量占全国总数量的35%。

中国大数据产业发展已有近10年的历史，尽管今天的"大数据"声音已经被数字化技术、物联网、5G通信、云计算、区块链诸多新兴技术所淹没，但是我们生活中很多场景，背后起作用全部是大数据。正是因为有了数据资源的积累，跨界拓展了商业边界，创新应用场景才成为可能，物联网、5G通信、云计算、区块链等不仅仅是数字化时代效率的提升，更是大数据化学颠覆式的反应。如今大数据产业正处于新旧技术迭代期，新的大数据管理产品被引入到用户的新应用场景中，原有的数字化体系内也已经存储了海量数据。在面对数据分析应用需求时，既存在过去的信息化建设留下的数据孤岛问题，又面临着新的数据分析流水线过长的挑战。未来几年，中国大数据管理市场的机会将留给能够帮助用户做好数据资产管理、支撑、分析、应用场景的厂商。

3.3 典型的大数据技术

3.3.1 大数据关键技术

大数据本身是一种现象而不是一种技术。大数据技术是一系列使用非传统的工具来对大量的结构化、半结构化和非结构化数据进行处理,从而获得分析和预测结果的数据处理技术。

大数据价值的完整体现需要多种技术的协同。大数据关键技术涵盖数据存储、处理、应用等多方面的技术,根据大数据的处理过程,可将其分为大数据采集、大数据预处理、大数据存储及管理、大数据处理、大数据分析及挖掘、大数据展示等。

1. 大数据采集技术

大数据采集技术是指通过 RFID 数据、传感器数据、社交网络交互数据及移动互联网数据等方式获得各种类型的结构化、半结构化及非结构化的海量数据。因为数据源多种多样,数据量大,产生速度快,所以大数据采集技术也面临着许多技术挑战,必须保证数据采集的可靠性和高效性,还要避免重复数据。大数据的数据源主要有运营数据库、社交网络和感知设备三大类。针对不同的数据源,所采用的数据采集方法也不相同。大数据的采集方法如图 3.1 所示。

图 3.1 大数据的采集方法

2. 大数据预处理技术

大数据预处理技术主要是指完成对已接收数据的辨析、抽取、清洗、填补、平滑、合并、规格化及检查一致性等操作。因获取的数据可能具有多种结构和类型,数据抽取的主要目的是将这些复杂的数据转化为单一的或者便于处理的结构,以达到快速分析处理的目的。通常数据预处理含三个部分:数据清理、数据集成和变换及数据规约。

数据清理主要包含遗漏数据处理(缺少感兴趣的属性)、噪声数据处理(数据中存在错误或偏离期望值的数据)和不一致数据处理。

遗漏数据可用全局常量、属性均值、可能值填充或者直接忽略该数据等方法处理。

噪声数据可用分箱(对原始数据进行分组,然后对每一组内的数据进行平滑处理)、聚类、计算机人工检查和回归等方法去除噪声,对于不一致数据则可进行手动更正。

数据集成是指把多个数据源中的数据整合并存储到一个一致的数据库中。这一过程中需要着重解决三个问题:模式匹配、数据冗余、数据值冲突检测与处理。由于来自多个数据集合的数据在命名上存在差异,因此等价的实体常具有不同的名称。对来自多个实体的不同数据进行匹配是处理数据集成的首要问题。数据冗余可能来源于数据属性命名的不一致,可以利用皮尔逊积矩来衡量数值属性，对于离散数据可以利用卡方检验来检测两个属性之间的关联。

数据值冲突问题主要表现为，来源不同的统一实体具有不同的数据值。数据变换的主要过程有平滑、聚集、数据泛化、规范化及属性构造等。数据规约主要包括数据方聚集、维规约、数据压缩、数值规约和概念分层等。使用数据规约技术可以实现数据集的规约表示，使得数据集变小的同时仍然接近于保持原数据的完整性。在规约后的数据集上进行挖掘，依然能够得到与使用原数据集时近乎相同的分析结果。

3. 大数据存储及管理技术

大数据存储及管理的主要目的是用存储器把采集到的数据存储起来，建立相应的数据库，并进行管理和调用。大数据存储及管理平台功能架构如图 3.2 所示。在大数据时代，从多渠道获得的原始数据常常缺乏一致性，数据结构混杂，并且数据不断增长，这造成了单机系统的性能不断下降，即使不断提升硬件配置也难以跟上数据增长的速度。这导致传统的处理和存储技术失去可行性。大数据存储及管理技术重点研究复杂结构化、半结构化和非结构化大数据管理与处理技术，解决大数据的可存储、可表示、可处理、可靠性及有效传输等关键问题。具体来讲需要解决以下几个问题：海量文件的存储与管理；海量小文件的存储、索引和管理；海量大文件的分块与存储；系统的可扩展性与可靠性。面对海量的 Web 数据，为了满足大数据的存储和管理，Google 自行研发了一系列大数据技术和工具用于内部各种大数据应用，并将这些技术以论文的形式逐步公开，从而使得以 GFS、MapReduce、BigTable 为代表的一系列大数据处理技术被广泛了解并得到应用，同时还催生出以 Hadoop 为代表的一系列大数据开源工具。从功能上划分，这些工具可以分为分布式文件系统、NoSQL 数据库系统和数据仓库系统。这三类系统分别用来存储和管理非结构化、半结构化和结构化数据。

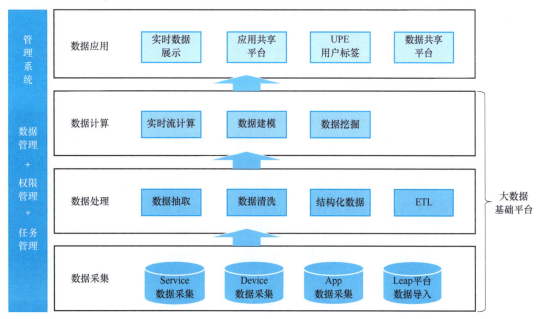

图 3.2　大数据存储及管理平台功能架构

4. 大数据的处理模式

大数据的应用类型很多，主要的处理模式可以分为批处理模式和流处理模式两种。批处理是先存储后处理，流处理则是直接处理。

Google 公司在 2004 年提出的 MapReduce 编程模型是最具代表性的批处理模式。MapReduce 模型首先将用户的原始数据源进行分块，然后分别交给不同的 Map 任务去处理。Map 任务先从输入中解析出 Key-Value 对集合，然后对这些集合执行用户自行定义的 Map 函数以得到中间结果，并将该结果写入本地硬盘。Reduce 任务先从硬盘上读取数据，然后根据 Key 值进行排序，将具有相同 Key 值的数据组织在一起，最后，用户自定义的 Reduce 函数会作用于这些排好序的结果并输出最终结果（图 3.3）。MapReduce 的核心设计思想有两点：一是将问题分而治之，把待处理的数据分成多个模块分别交给多个 Map 任务去并发处理；二是用计算推导数据而不是把数据堆到计算，从而有效地避免数据传输过程中产生的大量通信开销。

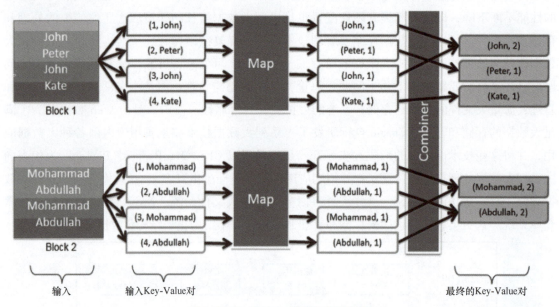

图 3.3　MapReduce 模型运行示意图

流处理模式的基本理念是数据的价值会随着时间的流逝而不断减少。因此，尽可能快地对最新的数据做出分析并给出结果是所有流处理模式的主要目标。需要采用流处理模式的大数据应用场景主要有网页点击数的实时统计、传感器网络、金融中的高频交易等。流处理模式将数据视为流，将源源不断的数据组成数据流。当新的数据到来时就立刻处理并返回所需的结果。数据的实时处理是一个很有挑战性的工作，数据流本身具有持续到达、速度快、规模巨大等特点，因此，通常不会对所有的数据进行永久化存储，同时，由于数据环境处在不断的变化之中，系统很难准确掌握整个数据的全貌。由于响应时间的要求，流处理的过程基本在内存中完成，其处理方式更多地依赖于在内存中设计巧妙的概要数据结构。内存容量是限制流处理模式的一个主要瓶颈。

5. 大数据分析及挖掘技术

大数据处理的核心就是对大数据进行分析，只有通过分析才能获取更多智能的、深入的、有价值的信息。越来越多的应用涉及大数据,这些大数据的属性,包括数量、速度、多样性等都引发了大数据不断增长的复杂性,所以,大数据的分析方法在大数据领域就显得尤为重要,可以说是决定最终信息是否有价值的决定性因素。利用数据挖掘进行数据分析的常用方法主要有分类、回归分析、聚类、关联规则等,它们分别从不同的角度对数据进行挖掘。

(1) 分类　分类是找出数据库中一组数据对象的共同特点并按照分类模式将其划分为不同的类。其目的是通过分类模型,将数据库中的数据项映射到某个给定的类别。它可以应用到客户的分类、客户的属性和特征分析、客户满意度分析、客户的购买趋势预测等。

(2) 回归分析　回归分析方法反映的是事务数据库中属性值在时间上的特征。该方法可产生一个将数据项映射到一个实值预测变量的函数,发现变量或属性间的依赖关系,主要研究的问题包括数据序列的趋势特征、数据序列的预测及数据间的相关关系等。它可以应用到市场营销的各个方面,如寻求客户、保持和预防客户流失活动、产品生命周期分析、销售趋势预测及有针对性的促销活动等。

(3) 聚类　聚类是把一组数据按照相似性和差异性分为几个类别。其目的是使同一类别数据间的相似性尽可能大,不同类别数据间的相似性尽可能小。它可以应用于客户群体的分类、客户背景分析、客户购买趋势预测、市场的细分等。

(4) 关联规则　关联规则是描述数据库中数据项之间所存在的关系的规则,即根据一个事务中某些项的出现可推导出另一些项在同一事务中也会出现,即隐藏在数据间的关联或相互关系。在客户关系管理中,通过对企业的客户数据库里的大量数据进行挖掘,可以从大量的记录中发现有趣的关联关系,找出影响市场营销效果的关键因素,为产品定位、定价、客户寻求、细分与保持,市场营销与推销,营销风险评估和诈骗预测等决策支持提供参考依据。

6. 大数据展示技术

在大数据时代下,数据井喷式增长,分析人员将这些庞大的数据汇总并进行分析,而分析出的成果如果是密密麻麻的文字,那么就很难让人理解,所以就需要将数据可视化,数据可视化案例如图 3.4 所示。

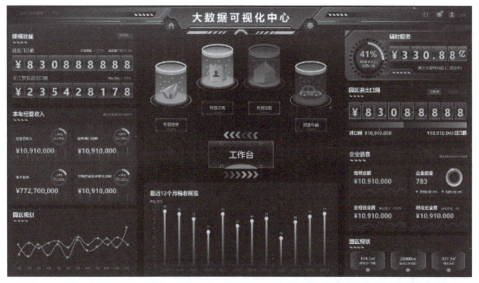

图 3.4　数据可视化案例

图表甚至动态图的形式可将数据更加直观地展现给用户,从而减少用户的阅读和思考时间,更好地做出决策。

可视化技术是最佳的结果展示方式之一,可以通过清晰的图形图像展示直观地反映最终结果。数据可视化是将数据以不同的视觉表现形式展现在不同系统中,包括相应信息单位的各种属性和变量。数据可视化技术主要是指技术上较为高级的技术方法,这些技术方法通过表达、建模,以及对立体、表面、属性、动画的显示,对数据加以可视化解释。

传统的数据可视化工具仅仅将数据加以组合,通过不同的展现方式提供给用户,用于发现数据之间的关联信息。随着大数据时代的来临,数据可视化产品已经不再满足于使用传统的数据可视化工具来对数据仓库中的数据进行抽取、归纳及简单的展现。

新型的数据可视化产品必须满足互联网上爆发的大数据需求,必须快速收集、筛选、归纳、分析、展现决策者所需要的信息,并根据新增的数据进行实时更新。因此,在大数据时代,数据可视化工具必须具有以下特性:

(1) 实时性　数据可视化工具必须适应大数据时代数据量的爆炸式增长需求,必须快速收集分析数据,并对数据信息进行实时更新。

(2) 直观易用　数据可视化工具具有快速开发、易于操作的特性,才能满足互联网时代信息多变的特点,因此数据可视化工具应该提供简单直观的用户界面,使用户能够轻松地创建和编辑图表、图形和可视化效果。用户不需要编写复杂的代码或进行深入的技术学习。

(3) 丰富的展现形式　数据可视化工具需要具有更丰富的展现方式,能充分满足数据展现的多维度要求。一个好的数据可视化工具应该支持多种类型的图表,如条形图、折线图、饼图、散点图等。这样用户可以根据自己的数据类型和需求选择最合适的图表类型来展示数据。

(4) 多种数据集成支持方式　数据的来源不仅仅局限于数据库,数据可视化工具将支持团队协作数据、数据仓库、文本等多种方式,并能够通过互联网进行展现。

(5) 兼用性　数据可视化工具应该具备良好的兼容性,能够与各种数据源(如 Excel、CSV、数据库等)无缝集成,并支持不同平台和设备(如桌面、移动设备)上的使用。

(6) 数据交互性　数据可视化工具应该具备交互性,允许用户通过对图表进行操作来探索数据。例如,用户可以通过缩放、平移、筛选等方式与图表进行交互,以便更深入地了解数据背后的信息。

数据可视化技术是一个新兴领域,有许多新的发展。企业获取数据可视化功能主要通过编程和非编程两类工具实现。主流编程工具包括两类:从艺术的角度创作的数据可视化工具,比较典型的工具是 Processing.js,它是为艺术家提供的编程语言;从统计和数据处理的角度创作的数据可视化工具,比较典型的工具是 R 语言,它本身既可以做数据分析,又可以做图形处理。

3.3.2　大数据技术特点

对大数据技术的特点进行描述时,早期主要采用 4V 进行定义,随着大数据的规模不断扩大,现在主要采用 5V 方式定义(图 3.5):

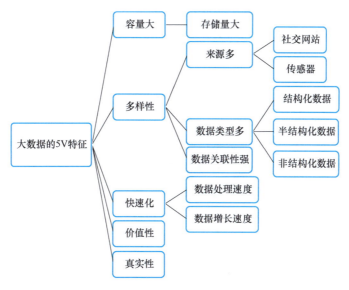

图 3.5 大数据的 5V 特征

（1）容量大（Volume） 大数据存储的单位和定义见表 3.2。随着信息化技术的高速发展，数据开始爆发性增长。大数据中的数据不再以 GB 或 TB 为单位来衡量，而是以 PB（10^3TB）、EB（10^6TB）或 ZB（10^{12}TB）为计量单位。

表 3.2 大数据存储的单位和定义

单位	定义	字节数（二进制）	字节数（十进制）
千（Kilobyte，KB）	1024B	2^{10}	10^3
兆（Megabyte，MB）	1024KB	2^{20}	10^6
吉（Gigabyte，GB）	1024MB	2^{30}	10^9
太（Terabyte，TB）	1024GB	2^{40}	10^{12}
拍（Petabyte，PB）	1024TB	2^{50}	10^{15}
艾（Exabyte，EB）	1024PB	2^{60}	10^{18}
泽（Zettabyte，ZB）	1024EB	2^{70}	10^{21}
尧（Yottabyte，YB）	1024ZB	2^{80}	10^{24}

（2）多样性（Variety） 多样性主要体现在数据来源多样性、数据类型多样性和数据之间关联性强三个方面。

1) 数据来源多样性。企业所面对的传统数据主要是交易数据，而互联网和物联网的发展带来了诸如社交网站、传感器等多种来源的数据。数据来源于不同的应用系统和不同的设备，决定了大数据形式的多样性，大体可以分为三类：一是结构化数据，如财务系统数据、信息管理系统数据、医疗系统数据等，其特点是数据间因果关系强；二是非结构化的数据，如视频、图片、音频等，其特点是数据间没有因果关系；三是半结构化数据，如 HTML 文档、邮件、网页等，其特点是数据间的因果关系弱。

2）数据类型多样性，并且以非结构化数据为主。传统的企业中，数据都是以表格的形式保存。大数据中有 70%～85% 的数据是如图片、音频、视频、网络日志、链接信息等非结构化和半结构化的数据。

3）数据之间关联性强，频繁交互，如游客在旅游途中上传的照片和日志，就与游客的位置、行程等信息有很强的关联性。

(3) 快速化（Velocity） 这是大数据区分于传统数据挖掘最显著的特征。大数据与海量数据的重要区别在两方面：一是大数据的数据规模更大；二是大数据对处理数据的响应速度有更严格的要求。实时分析而非批量分析，数据输入、处理与丢弃立刻见效，几乎无延迟。数据的增长速度和处理速度是大数据快速化的重要体现。

(4) 价值性（Value） 尽管企业拥有大量数据，但是发挥价值的仅是其中非常小的部分。大数据背后潜藏的价值巨大。由于大数据中有价值的数据所占比例很小，而大数据真正的价值体现在从大量不相关的各种类型的数据中挖掘出对未来趋势与模式预测分析有价值的数据，然后通过机器学习方法、人工智能方法或数据挖掘方法深度分析，最后运用于农业、金融、医疗等各个领域，以创造更大的价值。

(5) 真实性（Veracity） 大数据时代带来的一个重要副作用是，很难区分真假数据，这也是当前大数据技术必须重点解决的问题之一。从当前大型 Internet 平台采用的方法来看，它通常是技术和管理的结合。例如，通过对用户进行身份验证，可以解决某些数据的真实性（专业性）问题。

3.4　大数据在智能建造中的应用

3.4.1　大数据在智能建筑中的应用价值

大数据在智能建筑中的应用就能够表现出明显优势，其可以较好地为智能建筑的构建和运行提供有效的参考和指导，促使其能够在多个方面符合智能建筑运行要求，具备智慧化特点。因为智能建筑中往往涉及较为丰富的系统构成，如安防系统、家居系统、能源管理系统等，都面临着较高的要求，如果能够运用大数据技术，必然也就可以为这些系统提供较为丰富全面的数据信息资料支持，便于相应系统的优化构建，促使其相关设置更为符合人性化要求，满足智能建筑的应用价值。从大数据在智能建筑中的实际应用效果上来看，其最为突出的价值就是表现出了更强的人性化特点，可以借助于海量数据信息分析结果，促使各个系统和设备的运用符合人的预期，可以为智能建筑使用者做出更大贡献，服务性能更强；在此基础上，大数据的应用还可以更好地优化各个智能建筑系统运行参数，便于促使其更为符合节能环保诉求，明显降低了整个智能建筑的能耗损失，同时推动着智能建筑的绿色化发展，促使其能够和周围环境更为协调，符合当前建筑物可持续发展的基本理念要求。

研究表明，建筑业是数据量最大、业务规模最大的大数据行业，其中，智能建筑作为人们日常工作、生活中不可或缺的关键设备,同样也因为大数据的发展,有了质的飞跃。未来的智能建筑,将会建造成为一个大数据的应用中心,区别于传统智能建筑只具备监测、控制、报警等基础功能,当建筑中的大数据得以被正确利用时,则可实现事故预测、预警、案件分析、规划和引导等多领域的智能应用,并且能将这些大数据信息与移动智能端相连,同步享有各种信息。总之,大数据的智能建筑是具有比人脑更有智慧的建筑,其根本魅力就在于它能够节约成本和提升底线。

3.4.2 大数据在智能建筑选址中的应用

在建筑建设的前期选址之中,需要充分考虑区域的人口构成、流动趋势、收入、消费水平等多方面的因素。利用大数据技术可以优化选址,选择最佳建设位置,还可以优化建筑布局,提高建筑对自然能源的利用率。大数据技术统计了当地的气候环境特点,以此为基础,可以优化设计方案,减少室内设备使用率,提高风能、太阳能等自然能源利用率。综合分析所选地区的数据信息,并与同类型的城市将进行有效比较,从而制定合理的产业定位,挖掘出海量数据之中的潜在价值信息,有针对性地制定营销策略。在智能建筑建设之中,通过对范围内居民的消费倾向、活动意愿、行为目的等方面数据进行整合、分析,可以为建筑的合理分布提供直观的规划。

建筑选址对于建筑自身价值至关重要,建筑要与周围环境和人相适应,充分考虑各因素之间的相互关系和影响,确保在技术实施上具有可行性,因此智能选址非常重要,特别是对有特殊功能的大型基础场馆和公共建筑,要全面、客观、系统地进行建筑选址。在这些方面通过网络通信技术与建筑单位相结合,通过大数据技术的应用,可以预测片区的人口规模、人流变化、人群结构、房屋供给量和需求量,基于这些数据进行公共场馆资源配置和商业建筑开发等。

另外,大数据技术在公共建筑选址中具有很大作用。城市规划部门通过大数据分析技术,获取片区社会环境和人文环境的数据,真实掌握该区域的政治文化、教育、科学、城市配套等资源配比情况,使得建筑定位准确,更好地发挥自身作用,切实提高城市居民的公共服务水平。

3.4.3 大数据技术在施工技术中的应用

大数据技术在施工技术中的应用可以帮助项目管理者更好地掌握和管理工程进度、成本、质量等方面的信息,提高施工效率和质量,降低成本等,主要体现在以下几个方面:

(1)模拟和指导施工过程 建筑工程施工是一个动态的过程,施工技术方案落实过程中会产生大量的数据信息,工作人员要将实际工程度量尺寸、施工工序、环节等数据及时反馈给管理层,利用大数据技术以相关数据为基础深度分析、模拟施工过程,明确施工进度,保证下一步施工方案的有效安排和合理控制,可以有效指导整个施工过程(图3.6)。同时,大数据技术还能够及时收集当地气象局发出的气候环境等不可控因素,保证提前做好施工安排。大数据技术能够对各项步骤可能发生的变形、损耗等进行模拟,保证工作人员提前选定技术方案。

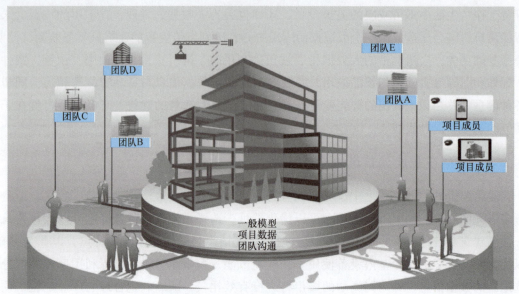

图 3.6 各部分施工方案的模拟建设

（2）施工管理现代化　大数据技术能够模拟和指导施工过程，可以数字化管理工程造价、施工进度等，利用数据信息平台展开高效的管理工作。利用大数据技术能够合理收集分类数据信息，通过一些符合正常施工情况的数据，考察不符合正常情况的数据，减少人为因素导致的工期拖延、成本浪费等不良现象，实现了施工管理现代化、信息化。

（3）优化施工技术　建筑工程桩基施工、混凝土浇筑、钢筋施工等多项工序都可以积极利用大数据技术进行改进优化。首先，将大数据技术应用于桩基施工中，可以明确施工区域地基的实际情况，保证技术人员及时掌握施工区域气候、环境、水文地质等因素，利用大数据技术处理纷繁的数据信息，对地基情况进行模拟，对桩基承受压力荷载等情况进行客观地分析，有助于减少具体桩基施工中的不足。其次，在混凝土浇筑方面，可以利用大数据技术对混凝土比例进行合理科学地调整，做好分层、分面、分段等浇筑技术的合理选择，对当前气候下浇筑面的变形程度进行模拟。最后，将大数据技术应用于钢筋工程中，可以将钢筋设计不合理数据快速排除，就钢筋设计数据信息进行深度挖掘，将钢筋布置的合理性提高，降低钢筋设计失误问题。

（4）提高建筑工程技术信息化管理水平　智慧工地是未来建筑行业发展的趋势之一。智慧工地主要是以大数据技术、绿色施工技术、物联网技术等为基础构建的互联互通、智能化系统，能够实时收集、上传施工数据，保证技术人员第一时间对工程信息数据进行分析，预测未来施工技术落实情况，从而针对性地开展管理工作，实现系统化、集成化管理资料。

（5）基于大数据进行施工安全风险管理

1）进行风险识别。风险识别主要是对施工过程中的人员、材料、机械、环境和管理进行识别。首先利用传统手段进行数据识别，如直接经验法、对照检查表法等，再加上大数据技术性分析得到最终的综合性风险识别结果。数据来源有以下几种：一是利用物联网技术对施工现场进行监控，如红外感应器、RFID、定位系统等智能传感器将施工现场的人、材、机、环、管五大要素用互联网联系起来，形成数据化管理，达到同步检测、实时监控；二是将国家相关的法律法规纳入安全生产数据库中，运用机械语言通过计算机编程进行风险识别；三是行业内的历史安全事故数据，通过大数据技术实现关联分析，并获取数据中的价值规律，从而指导风险管理。

2）监管建筑设备，便于维护与修理。利用大数据分析技术，可以对建筑设备的运行数据进行监测和分析，实现设备的智能化维护。通过对设备运行状态的预测和故障诊断，可以提前采取维修措施，减少设备故障和停机时间。

3.4.4 基于大数据的绿色建筑

由于绿色建筑具有数量多、范围广、复杂程度高等特性，研究人员将大数据和数据挖掘技术逐渐应用到绿色建筑领域，充分利用大数据容量大、多样性等特点，将大数据技术与绿色建筑相结合，推动了绿色建筑的健康发展。绿色建筑在运行过程中，通过数据的收集和存储形成了大数据，而只有对这些数据进行深入挖掘，并对其进行分析研究，才能得到数据内部隐藏的内在规律，并将其应用于绿色建筑相关领域中，绿色建筑大数据的具体应用方面如图3.7所示。

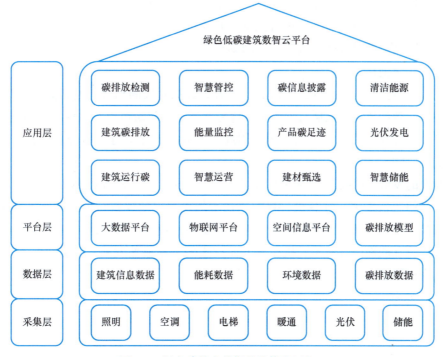

图 3.7　绿色建筑大数据的具体应用方面

（1）建筑能耗预测　绿色建筑运行过程中，其能耗受多种因素影响，如设备的运行效率、设备控制参数、周围环境温度、不同的耗能模式（上班、下班、节假日）等。传统的人工启停、参数设定和巡检等方式已经暴露出许多问题，如维护人员缺乏相应的专业知识、参数设定不合理、管理不够严格及能耗浪费等。绿色建筑在运行过程中积累了大量的历史数据，通过对相应的用能设备建立数据模型，根据历史数据和实时数据对用能设备进行能耗预测，可输出更合理的设备启停及参数设定等优化控制方案并自动控制相关的设备，实现建筑全方位的用能设备监控，进一步实现建筑节能。

（2）绿色建筑后评估 绿色建筑在设计阶段通过试验和计算机模拟指导方案设计及绘制施工图，但在一定程度上绿色建筑建成后的实际运行效果与设计值有较大差异。这种差异性表现在多方面，并非受单一因素影响，采用传统的数据分析难以完成。通过大数据分析，利用主成分分析方法探索影响某一指标的关键因素，并与绿色建筑设计值进行对比，通过不断优化设计，可精准设定绿色建筑参数，通过大数据分析，为建筑设计参数修订提供帮助。

（3）区域能源调度 近年来我国各省市（区）、各气候带建设绿色建筑，节能效果虽比传统建筑有较大优势，但缺少对同类建筑在各地域之间差异的比较。对于同地区、同城市内的绿色建筑而言，运行效果及能源消耗也不尽相同。从研究人员或能源管理部门角度分析，利用大数据分析方法对不同地区绿色建筑进行对比分析是很有意义的，不仅可实现区域能源的消耗统计，而且可积累城区能源规划及预测的宝贵经验。通过数据挖掘，可以寻找同类型建筑的相似之处，不同类建筑之间的设计差异，以及绿色建筑在当地气候条件下的适应性，实现绿色建筑整体用能效率的提高。

（4）用户舒适性提高 绿色建筑业主在使用过程中往往根据个人的生活习惯或意识来管理周围环境的控制设备，缺少专业性和数据的引导。通过采集人们生活和工作周围环境数据及用户的用能习惯，可对室内环境进行控制，并通过相关信息或设备提醒用户周围室内环境的实时状态；对极端情况可通过报警、自动调整等方式实现对环境的控制，在提高用户舒适度的同时降低能源消耗。

大数据技术被渗透到社会的方方面面，随着大数据时代的到来，给智能建筑的发展带来了机遇和挑战。智能建筑的发展有关民生，合力发展智能建筑可以有效缓解严峻的住房压力，还能极大地缓解能源、资源方面的压力。因此，大数据与建筑行业结合发展是时代的趋势，应用前景非常广阔。

建筑行业的发展与科技水平的发展密切相关。机械、计算机等技术的成熟，促使着建筑行业向着更高的层次发展，计算机、智能化技术的发展促使建筑行业向着智能化方向发展，随着大数据技术的普及发展，建筑行业将会向着循环、绿色、可持续、智能化方向发展。随着社会经济以及互联网信息技术、机械等方面技术的不断成熟发展，智能建筑、智慧建筑的概念也会越来越清晰。

第4章

物联网技术与应用

4.1 物联网技术概述

4.1.1 物联网的发展起源

物联网已成为全球新一轮科技革命与产业变革的重要驱动力,它正在推动人类社会从"信息化"向"智能化"转变,促进信息科技与产业发生巨大变化。物联网科技产业在全球范围内的快速发展,与制造技术、新能源、新材料等领域不断融合,促进了生产生活和社会管理方式的进一步智能化、网络化和精细化,推动了经济社会更加智能高效的发展。

物联网的发展经历了多个阶段(图4.1),从最初的概念提出到如今已经取得了诸多实质性进展。1991年,美国麻省理工学院的凯文·阿什顿(Kevin Ashton)教授就首次提出了物联网的概念。1995年,比尔·盖茨在他的著作《未来之路》中也曾提到物联网,随后相继有人提出物联网的概念。1999年,美国麻省理工学院"自动识别中心"提出"万物皆可通过网络互联"的观点。2003年,美国《技术评论》提出传感网络技术将是未来改变人们生活的十大技术之首。2005年,国际电信联盟(ITU)发布《ITU互联网报告2005:物联网》也引用了

图 4.1 物联网的发展阶段

"物联网"的概念。虽然物联网的概念早已被多次提及,但一直未能引起人们的足够重视,直到 2008 年以后,为了促进科技发展并寻找新的经济增长点,各国政府才开始将目光放在物联网上,并将物联网作为下一代的技术规划。仿佛一夜之间,物联网便成为炙手可热的新名词。2009 年欧盟执委会发布了"欧洲物联网行动计划",描绘了物联网技术的应用前景,提出欧盟政府要加强对物联网的管理,促进物联网的发展。随后,IBM 首席执行官彭明盛在"圆桌会议"上首次提出"智慧地球"这一概念。2009 年 2 月 24 日,IBM 大中华区首席执行官钱大群在 IBM 论坛上公布了名为"智慧的地球"的最新策略。

国内对物联网的发展也给予了高度的重视。2009 年 8 月,温家宝总理提出"感知中国"的概念,把我国物联网领域的研究和应用开发推向了高潮,无锡市率先响应,建立了"感知中国"研究中心,中国科学院、相关运营商及多所大学相继在无锡建立了物联网研究机构。

随着技术和应用的发展,物联网的定义和范围早已发生了巨大的变化,覆盖范围有了较大的拓展,不再是最初提出的只基于射频识别技术的物联网。如今的物联网是多种技术在生活各方面的综合运用。

4.1.2 物联网的技术原理

物联网是在计算机互联网基础之上的扩展,它利用全球定位、传感器、射频识别、无线数据通信等技术来创造一个覆盖世界上万事万物的巨型网络,就像一个蜘蛛网,可以连接到任意角落。物联网通信模式如图 4.2 所示。

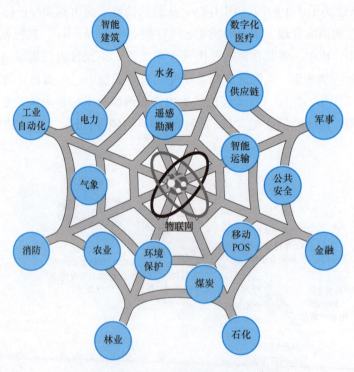

图 4.2　物联网通信模式

在物联网中,物体之间无须人工干预就可以随意进行"交流",其实质就是利用射频识别技术，通过计算机互联网实现物体的自动识别及信息的互联与共享。射频识别技术能够让物品"开口说话"，它通过无线数据通信网络，把存储在物体标签中的有互用性的信息，自动采集到中央信息系统，实现物体的识别，进而通过开放性的计算机网络实现信息交换和共享，实现对物品的"透明"管理。物联网的问世打破了过去一直是将物理基础设施和IT基础设施分开的传统思维。在物联网时代，任意物品都可与芯片、宽带整合为统一的基础设施。在此意义上，基础设施更像是一块新的地球工地，世界的运转就在它上面进行。

4.1.3 物联网的应用价值

简单来讲，物联网是物与物、人与物之间的信息传递与控制。物联网中的"智能物体"或者"智能对象"指的是现实物理世界的人或物，只是我们给它增加了"感知""通信"与"计算"的能力。例如，我们可以给商场中出售的微波炉贴上RFID标签（电子标签，一种非接触式的自动识别技术，它通过射频信号来识别目标对象并获取相关数据，识别工作无须人工干预，作为条形码的无线版本，如图4.3所示）。当顾客打算购买这台微波炉时，他

图4.3 RFID标签

将微波炉放到购货车上，购货车经过结算的柜台时，RFID读写器就会通过无线信道直接读取RFID标签的信息，知道微波炉的型号、生产公司、价格等信息。这时，这台贴有RFID标签的微波炉就是物联网中的一个具有"感知""通信"与"计算"能力的智能物体（Smart Thing）或者叫作智能对象（Smart Object）。在智能电网应用中，每一个用户家中的智能电表就是一个智能物体；每一个安装有传感器的变电器监控装置，将这台变电器也变成一个智能物体。在智能交通应用中，安装有智能传感器的汽车就是一个智能物体；安装在交通路口的视频摄像头也是一个智能物体。在智能家居应用中，安装了光传感器的智能照明控制开关是一个智能物体，安装了传感器的冰箱也是一个智能物体。在水库安全预警、环境监测、森林生态监测、油气管道监测等应用中，无线传感器网络中的每一个传感器节点都是一个智能物体。在智能医疗应用中，带有生理指标传感器的每一位老人都是一个智能物体。在食品可追溯系统中，打上RFID耳钉的牛、一枚贴有RFID标签的鸡蛋也是一个智能物体。因此，在不同的物联网应用系统中，智能物体的差异可以很大，它可以是小到你用肉眼几乎看不见的物体，也可以是一个大的建筑物；它可以是固定的，也可以是移动的；它可以是有生命的，也可以是无生命的；它可以是人，也可以是动物。智能物体是对连接到物联网中的人与物的一种抽象。图4.4回答了什么是物联网中的"物"的问题。

把网络技术运用于万物，组成"物联网"。如把感应装置嵌入到油网、电网、路网、水网、建筑、大坝等物体中，然后将"物联网"与"互联网"整合起来，实现人类社会与物理系统的整合。超级计算机群对"整合网"的人员、机器设备、基础设施实施实时管理控制，以精细动态的方式，管理生产生活，提高资源利用率和生产力水平，改善人与自然关系。

目前，物联网已经渗透到各个领域，人们可以利用物联网技术实现各种智能感知、智能

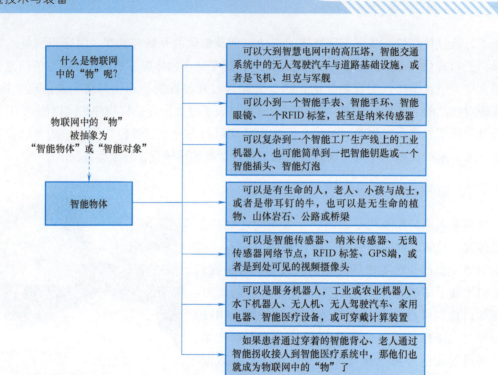

图 4.4　什么是物联网中的"物"

服务和新型产业等方面的广泛应用。从国家到地方，物联网的发展正在引领着整个经济社会发展的方向。从目前物联网行业的发展现状来看，我国在相关领域的技术和应用已经相对成熟。物联网具有各种实际应用，涵盖消费者商业、制造和工业物联网。

从物联网应用的产品来看，目前物联网产品主要分为以下几大类。

1）感知类：如无线技术、传感器和标签等构成各类传感器，它们在不同的环境中具有不同的感知功能。

2）定位类：如具有 GPS 定位功能的产品。

3）网络类：无线网络设备通过向终端提供无线网络连接，从而实现对物联网产品和服务的控制。

4）移动终端：如手机（APP）、平板计算机等。

5）终端：如台式计算机等设备。

6）协议类：如窄带物联网（4C/5C/NB-IoT）、无线传输网（LTE-A）。

7）软件服务：如云计算后台服务。

8）其他：如终端设备/智能硬件，如智能音箱等。

9）应用模式：物联网业务可以在移动终端中实现远程控制设备。

10）设备互联：基于物联网无线传输能力所形成的产品/系统统称为"物联网产品"，是指通过感知模块/传感器件等实现物体与外界（包括物理）信息通信关系转换，并在感知设备中实时完成感知传输和控制功能（如任务管理）。

在工业领域，物联网的应用范围包括物料库存管理、物流管理、质量监控和设备维护管理等工业产品的全生命周期管理领域。在智能制造领域，物联网技术运用到制造业的各个环节，使之达到智能化。例如，生产工艺的监测，即是对装置的操作进行监测；智能化物流，对物流流程进行了无缝的管理与控制；智能化的生产车间及设备的整合和控制；物联网技术与家庭智能化系统的整合，还有可穿戴式电子产品。除了这些，基于物联网技术的智能机器人还被广泛地应用于各行各业，它将开创一个崭新的世界。工业 4.0 就是利用物联网来推动中国的智能制造：工业 4.0 是以互联网为基础的，而物联网正是以此为基础的。随着物联网技术在各个行业的广泛应用与发展，必将促进整个行业的发展，提高生产效率，促进产业的转型与升级。

在目前的物联网发展过程中，许多领域都需要借助网络来实现应用。例如，在汽车制造领域中，运用物联网技术后可以实现自动驾驶汽车，车辆具备实时监控和自动驾驶管理等功能。此外，智能家居技术也在物联网中得到了较好的应用。在未来，这些智能化的应用将越来越广泛，因为这些应用需要物联网来完成它们的功能及对网络传输协议的需求。因此，物联网云服务就成了这一领域发展过程中的重要组成部分。对于物联网来说，云服务非常重要，其是将我们需要使用的各种资源集合在一起，从而形成一个网络，而且这些网络服务还可以给用户提供非常好的使用体验。基于这一点来说，我们可以利用云服务来实现相应的功能。但是对于很多企业来说，这只是他们需求的一小部分，而且其业务方向也不尽相同。所以物联网发展到现在为止还不是非常成熟，还未全面地为我们所使用。

■ 4.2　物联网技术的国内外发展现状

4.2.1　国内外物联网的发展背景

在国外方面，虽然物联网的概念早在 20 世纪 90 年代就已经被提出，但一直没能受到国际社会的重视。可以说，物联网的正式兴起是在 2000 年后，各国开始相应地制订了物联网发展计划。从此，物联网才结束了它低调走过的十几年的历史，成功迎来了它的高调时代。从近几年全球物联网的发展趋势来看，促进物联网发展的背景因素其实是 2008 年的全球经济危机。每一次人类社会大事件的背后总会催生一些新技术，这是毋庸置疑的。而物联网被认为是带动新一轮经济增长的新生技术。所以自从 2008 年以后，物联网的发展呈直线上升趋势。当今随着电子技术的发展，传感器的技术逐渐走向成熟。在我们的日常生活中，已随处可见运用了传感器技术的物品，如商品上的条形码、电子标签等。再加上网络接入和信息处理能力的大幅度提高，网络接入的多样化、宽带技术的快速发展，使得海量信息的收集能力和分类处理能力大幅度提高，这些都为物联网的发展奠定了坚实的基础。回顾历史，起始于日本的 20 世纪 60 年代的半导体产业和起始于美国的 20 世纪 90 年代的互联网技术，都对促进两国经济的发展起到了非常积极的作用，使两国经济在一段时期内得到了飞速发展。

2008 年全球金融危机以后，许多国家，尤其是一些西方发达国家经济复苏的进程逐渐变缓，原因在于缺乏新的科技产业革命对经济发展的引领和带动。而物联网便是解决这一大问题的关键，于是各国便相继开展物联网推动计划。

在国内方面，我国作为能源消耗大国，未来经济的发展将受到全球石油资源逐渐枯竭、原油价格不断走高的影响。与此同时，我国目前的资源利用率不高，而且存在普遍的资源浪费现象。因此，我国经济增长方式面临着从粗放型到集约型的转变。在这一经济增长方式的转变过程中，新技术的推动作用至关重要。未来我国仍需努力探寻发展生产力的正确途径。自 2009 年温家宝总理提出"感知中国"以来，物联网被正式列为国家五大新兴战略性产业之一，物联网在中国受到了全社会极大关注，其受关注程度是在美国、欧盟及其他各国都不可比拟的。如今，国内物联网的概念已经被中国化。它的覆盖范围与时俱进，已经超越了 1999 年阿什顿教授和 2005 年 ITU 报告所指的范围，物联网已被贴上"中国式"标签。截至 2010 年，国家发改委、工信部等有关部门已在新一代信息技术方面开展研究，形成了支持新一代信息技术的一些新政策措施，从而推动我国经济的快速发展。

4.2.2　国外发展现状

目前，国外对物联网的研发、应用主要集中在美、日、欧等少数国家，其最初的研发方向主要是条形码、RFID 等技术在商业零售、物流领域应用，而随着 RFID、传感器技术、近程通信及计算技术等的发展，近年来其研发、应用开始拓展到环境监测、生物医疗、智能基础设施等领域。

在美国，自从 2009 年 IBM 推出"智慧地球"概念后，"智慧地球"框架下的多个典型智能解决方案已经在全球开始推广。智慧地球想达到的效果是利用物联网技术改变政府、公司和人们之间的交互方式，从而实现更透彻的感知，更广泛的互联互通和更深入的智能化。因此，美国各界非常重视物联网相关技术的研究，尤其在标准、体系架构、安全和管理等方面，希望借助于核心技术的突破能占有物联网领域的主导权。同时，美国众多科技企业也积极加入物联网的产业链，希望通过技术和应用创新促进物联网的快速发展。

在日本，2004 年 MIC（Ministry of Internal Affairs and Communications，总务省）提出"U-Japan"战略，目的是通过无所不在的泛在网络技术实现随时、随地、任何物体、任何人（Anytime，Anywhere，Anything，Anyone）均可连接的社会，受到了日本政府和索尼、三菱、日立等大公司的通力支持。此前，日本政府紧急出台了数字日本创新项目"ICT 鸠山计划行动大纲"，此宏观性的指导政策更是推动了日本物联网技术的快速发展。

在欧洲，"物联网"概念受到了欧盟委员会（EC）的高度重视和大力支持，已被正式确立为欧洲信息通信技术的战略性发展计划。2008 年 EC 制定了欧洲物联网政策路线图；2009 年正式出台了四项权威文件，尤其《欧盟物联网行动计划》，作为全球首个物联网发展战略规划，该计划的制定标志着欧盟已经从国家层面将"物联网"实现提上日程。除此之外，在技术层面也有很多相关组织致力于物联网项目的研究，如欧洲 FP7 项（CASAGRAS）、欧洲物联网项目组（CERP-IoT）、全球标准互用性论坛（Grifs）、欧洲电信标准协会（ETSI）及欧盟智慧系统整合科技平台（ETP EPoSS）等。同时，欧洲各大运营商和企业在物联网领域也纷纷采取行动，加强物联网应用领域的部署，如 Vodafone 推出了全球服务平台及应用服务的部署，T-mobile、Telenor 与设备商合作，特别关注汽车、船舶和导航等行业等。

欧洲智能系统集成技术平台（EPoSS）在"Internet of Things in 2020"报告中分析预测，未来物联网的发展将经历四个阶段，2010 年之前 RFID 被广泛应用于物流、零售和制药领域，

2010—2015年物体互联，2015—2020年物体进入半智能化，2020年之后物体进入全智能化。就目前而言，许多物联网相关技术仍在开发测试阶段，离不同系统之间融合、物与物之间的普遍链接的远期目标还存在一定差距。

4.2.3 国内发展现状

业内专家认为，"物联网"涉及下一代信息网络和信息资源的掌控利用，有望成为管理全球的主要工具之一，因此受到了各国政府、企业和学术界的重视。目前，美国、欧盟、日本等国家都在投入巨资深入研究物联网；我国政府也重视中国物联网建设。从某种意义上讲，很多国家是在物联网技术与发展并不十分明朗的情况下，迫于形势而纷纷致力于物联网的规划、研发和产业推进工作的。

2020年12月1日，开放智联联盟（Open Link Association，简称OLA联盟），在北京成立，该联盟旨在充分发挥国内物联网产业优势，构建符合中国产业特点的、技术领先的物联网统一连接标准和产业生态圈，并向全球开放和推广。OLA联盟由24位院士、中国工业经济联合会及阿里、小米、华为、百度、海尔、京东、中国电信、中国信通院、中国移动共同发起，安捷物联、佛山电器照明、格力电器、公牛集团、豪恩安全、金鑫科技、晶讯软件、雷士照明、乐鑫信息科技、美的集团、南京物联、欧派家居、OPPO、欧普照明、维沃移动通信、中国联合网络通信、中海地产等联合成立，涵盖互联网平台、电信运营商、照明、家电、五金电器、家居建材、地产等各个相关领域。联盟将搭建智能家居乃至物联网的产业交流平台，联合开展行业研究、需求分析、标准预研、开源开发、测试测评，以及应用示范。其中，互联互通、安全、智能及质量研究与产业应用成为OLA联盟的工作重点。

因此OLA联盟的成立有望真正融合各大智能家居生态圈，实现智能家居产品的互联互通，极大地方便消费者选择购买智能产品，无须担心购买的产品是小米系还是华为系又或者是阿里天猫系，而是可以很方便地与家中原有产品融合联动，从而享受更加便捷的智能生活；减少企业产品研发成本，降低开发难度，推动智能家居产业发展，加快市场成熟。

物联网也被视为继互联网之后将再次改变世界的技术，作为物联网的应用之一，智能家居有着最广泛的C端用户基础，市场前景不可限量，加快建设智能家居标准建设，实现产品互联互通将解决智能家居产品的最大痛点，推动产品在C端用户中的落地，也有助于提高国内智能家居企业在国际上的话语权和主导权。

针对"打造物联网统一连接标准"这件事，OLA联盟目前主要工作集中在设备发现配网、接入认证、控制、物模型上，底层目前主要支持以太网、WiFi、蓝牙，未来会进一步支持蜂窝、PLC、ZigBee等其他连接技术，通过打通整个应用层接入连接协议，为物联网软件平台层留下更广阔的发展空间，共同向全场景发展。物联网生态由"企业级生态"向"产业级生态"升级，成为物联网垂直行业接下来发展的一个宏观方向。

展望未来，中国物联网产业空间将出现以下新的演变趋势：

1）产业发展"强者愈强"，资源要素将继续向优势地区汇聚集中。长三角、环渤海、珠三角等地区作为目前国内物联网产业的聚集地，企业分布密集、研发机构众多、产业氛围良好。这些地区依托发达的经济环境与雄厚的地方财力，建设了一大批物联网示范项目。这为物联网的应用提供了成功案例和发展方向,并带动了相关技术和产品的大范围社会应用。得益于产业与应用相互促进形成的良性循环,未来优势地区物联网产业的发展将进一步提速,国内物联网领域的资源要素也将进一步向这些地区汇聚集中。优势地区在未来国内物联网产业发展中的地位将进一步提高。

2)产业分布"多点开花",热点地区将不断蓬勃涌现。物联网产业广泛的内涵以及它与应用紧密结合的特点,使得它能够在具备先发优势的地区之外,得到更加广泛地发展。除了上述的重点省市,包括天津、昆明、宁波在内的众多国内城市也将物联网产业作为本地区重点发展的产业领域。此外,四川双流县、河北固安县、山东微山县等众多县级城市,也纷纷结合本地区的特点,大力培育和发展物联网产业。

■ 4.3 典型的物联网技术

4.3.1 物联网技术的基本特征

物联网的核心是物与物,以及人与物之间的信息交互形成的网络,物联网的发展将引发新的"聚合服务",如图 4.5 所示。

图 4.5 物联网的主体、动作和核心

物联网的基本特征可概括为全面感知、可靠传送和智能处理。全面感知是指利用 RFID、二维码、传感器等感知、捕获、测量技术,随时随地对物体进行信息采集和获取。可靠传送是指通过各种通信网络与互联网的融合,将物体接入信息网络,随时随地进行可靠的信息交互和共享。智能处理是指利用云计算、模糊识别等各种智能计算技术,对海量的跨地域、跨行业、跨部门的数据和信息进行分析处理,提升对物理世界、经济社会各种活动和变化的洞察力,实现智能化的决策和控制。表 4.1 清晰地反映了物联网应用场景的基本特性,主要包括互联互通、与物相关的服务、差异性、动态变化和规模大。

表 4.1 物联网应用场景的基本特性

基本特性	具体描述
互联互通	在 IoT 方面,一切事物都可与全球信息通信基础设施互联
与物相关的服务	IoT 可在物的限制范围内提供与物相关的服务,如隐私保护、物理装置间的句法一致性及与之相关的虚拟事物。为在物的限制范围内提供与物相关的服务,物理世界和信息世界的技术都会变化

(续)

基本特性	具体描述
差异性	IoT 的装置具有差异性,是基于不同的硬件平台和网络,它们通过不同网络与其他装置或业务平台互动
动态变化	装置的状态会动态变化,如睡眠和唤醒,连接和/或断开,以及包括位置与速度在内的装置背景状态。此外,装置的数量也会发生动态变化
规模大	需要管理且需要相互通信的装置数量要远大于当前与互联网连接的装置的数量。装置引发的通信与人类发出的通信相比,向装置触发通信转移是大势所趋。更关键的是生成数据的管理,以及针对应用对其做出的解释,这种与数据的句法和有效数据处理相关

近年来,物联网开发技术和应用的发展促使物联网的内涵和外延有了很大的拓展,其已经表现为信息技术、通信技术及智能化技术的发展融合,这也是信息社会发展的趋势。根据物联网应用需求和发展趋势,表4.2 概括了物联网应用场景的高层要求。

表 4.2 物联网应用场景的高层要求

高层要求	具体描述
基于识别的连接	必须支持物的连接,且连接的建立基于物的识别。此外,还包括不同物可能的异化识别,应以统一的方法处理
互操作性	需要确保差异和分布系统间的互操作性,用以提供和使用不同的信息和服务
自动网络化	自动化(包括自动管理、自动配置、自愈、自优化和自我保护技术和/或机制)须在物联网的网络控制功能中得到支持,从而适用不同的应用领域、不同的通信环境和大量不同类型的装置
自动业务配置	业务须能根据运营商配置的或用户定制的规则,以捕获、通信和自动处理数据的方式提供。自动业务可能取决于自动数据融合与数据挖掘技术
基于位置的能力	基于位置的能力应在物联网中得到支持。与通信和业务相关的事物将取决于物或用户的位置信息,须能自动感测和跟踪位置信息。基于位置的通信和业务可能受到法律法规的限制,应遵守安全性要求
安全性	在物联网中,所有"物"均相互连接,因此会产生巨大的安全隐患,例如,对数据和业务保密性、真实性和完整性的威胁。安全性的一个重要示例为,必须将与物联网内装置和用户网络相关的不同安全政策和技术集成起来
隐私保护	物联网须支持隐私保护。许多"物"都有自己的所有者和用户,感测到的物数据可能包含所有者和用户的专用信息。在数据传输、集总、存储、挖掘和处理过程中,物联网需要支持隐私保护。隐私保护不应为数据认证设置障碍
人体相关业务	物联网须支持高质量和高安全的人体相关业务,不同国家在这些业务覆盖范围内有不同的法律法规
即插即用	物联网须支持即插即用功能,以支持即时生成、构成或获取基于句法的配置,将物与应用无缝集成,通过操作对应用要求做出响应
可控性	物联网须支持可控性,从而确保正常的网络操作。物联网应用通常无须人为参与便可自动工作,但整个操作流程应由相关方管理

4.3.2 物联网的三大层次

类似于仿生学,让每件物品都具有"感知能力",就像人有味觉、嗅觉、听觉一样,物联网模仿的便是人类的思维能力和执行能力。而这些功能的实现都需要通过感知、网络和应用方面的多项技术,才能实现物联网的拟人化。所以物联网的基本框架可分为感知层、网络层和应用层三大层次，如图 4.6 所示。

图 4.6 物联网的基本框架

1. 感知层

感知层是物联网的底层，但它是实现物联网全面感知的核心能力，主要解决生物世界和物理世界的数据获取和连接问题。物联网是各种感知技术的广泛应用。物联网上有大量的多种类型传感器，不同类别的传感器所捕获的信息内容和信息格式不同，所以每个传感器都是唯一的一个信息源。传感器获得的数据具有实时性，按一定的频率周期性地采集环境信息，不断更新数据。物联网运用的射频识别器、全球定位系统、红外感应器等传感设备，它们的作用就像人的五官，可以识别和获取各类事物的数据信息。通过这些传感设备，能让任何没有生命的物体都拟人化，让物体也可以有"感受和知觉"，从而实现对物体的智能化控制。通常，物联网的感知层包括二氧化碳浓度传感器、温湿度传感器、二维码标签、电子标签、条形码和读写器、摄像头等感知终端。感知层采集信息的来源，它的主要功能是识别物体、采集信息，其作用相当于人的五个功能器官，如图 4.7 所示。

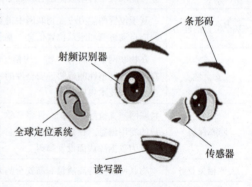

图 4.7 感知层与五官

2. 网络层

广泛覆盖的移动通信网络是实现物联网的基础设施，网络层主要解决感知层所获得的长距离传输数据的问题。它是物联网的中间层，是物联网三大层次中标准化程度最高、产业化能力最强、最成熟的部分。它由各种私有网络、互联网、有线通信网、无线通信网、网络管理系统和云计算平台等组成，相当于人的神经中枢和大脑，负责传递和处理感知层获取的信息。网络层的传递，主要通过因特网和各种网络的结合，对接收到的各种感知信息进行传送，并实现信息的交互共享和有效处理，关键在于为物联网应用特征进行优化和改进，形成协同感知的网络。网络层的目的是实现两个端系统之间的数据透明传送。其具体功能包括寻址、路由选择，以及连接的建立、保持和终止等。它提供的服务使运输层不需要了解网络中的数据传输和交换技术。网络层的产生是物联网发展的结果。在联机系统和线路交换的环境中，通信技术实实在在地改变着人们的生活和工作方式。

3. 应用层

物联网应用层是提供丰富的基于物联网的应用，是物联网和用户（包括人、组织和其他系统）的接口。它与行业需求相结合，实现物联网的智能应用，也是物联网发展的根本目标。物联网的行业特性主要体现在其应用领域内。目前绿色农业、工业监控、公共安全、城市管理、远程医疗、智能家居、智能交通和环境监测等各个行业均有物联网应用的尝试，某些行业已经积累了一些成功的案例。

将物联网技术与行业信息化需求相结合，实现广泛智能化应用的解决方案，关键在于行业融合、信息资源的开发利用、低成本高质量的解决方案、信息安全的保障及有效商业模式的开发。

感知层收集到大量的、多样化的数据，需要进行相应的处理才能做出智能决策。海量的数据存储与处理，需要更加先进的计算机技术。近些年，随着不同计算技术的发展与融合所形成的云计算技术，被认为是物联网发展最强大的技术支持。

云计算技术为物联网海量数据的存储提供了平台，其中的数据挖掘技术、数据库技术的发展为海量数据的处理分析提供了可能。

物联网应用层的标准体系主要包括应用层架构标准、软件和算法标准、云计算技术标准、行业或公众应用类标准及相关安全体系标准。

应用层架构是面向对象的服务架构，包括 SOA 体系架构、业务流程之间的通信协议、面向上层业务应用的流程管理、元数据标准及 SOA 安全架构标准。云计算技术标准重点包括开放云计算接口、云计算互操作、云计算开放式虚拟化架构（资源管理与控制）、云计算安全架构等。

软件和算法技术标准包括数据存储、数据挖掘、海量智能信息处理和呈现等。安全标准重点有安全体系架构、安全协议、用户和应用隐私保护、虚拟化和匿名化、面向服务的自适应安全技术标准等。

4.3.3 物联网基础安全标准

物联网基础安全标准主要是指物联网终端、网关、平台等关键基础环节的安全标准。物联网基础安全标准体系包括总体安全、终端安全、网关安全、平台安全、安全管理五大类标准，如图 4.8 所示。

1. 总体安全

总体安全是物联网基础安全的基础性、指导性和通用性标准，主要包括物联网基础安全术语定义、架构模型、安全场景、安全集成、安全分级、安全协议等。

1）物联网基础安全术语定义：规范物联网基础安全的概念，统一相关术语的理解和使用。

2）安全架构模型：主要提出物联网基础安全体系框架及各部分参考模型，明确和界定云、管、端各层面功能、关系、角色、边界、责任等内容。

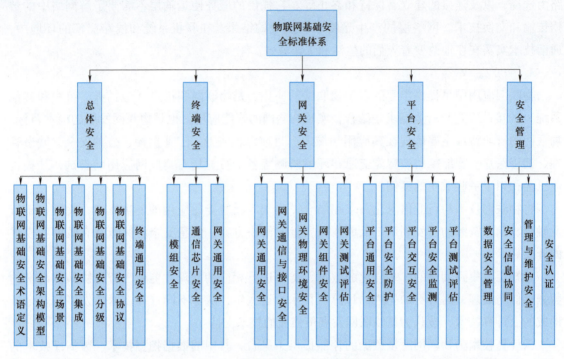

图 4.8　物联网基础安全标准体系

3）安全场景：主要对不同类型场景中的安全需求进行示例和规范。

4）安全集成：在物联网系统规划、集成实施等过程中，通过建立安全模型等方式，保障基础设施系统各层级对象安全性和可靠性。

5）安全分级：明确物联网基础安全分级的基本原则、维度、方法、示例等要求，为实施分级安全管理提供基础支撑。

6）安全协议：主要是物联网平台、网关终端本身及设备之间的基础安全协议，包括有线协议安全、无线协议安全、存储协议安全等。

2. 终端安全

终端安全是物联网基础安全体系中感知层面的标准，主要包括网关通用安全、模组安全、通信芯片安全、卡安全、行业终端安全、终端测试评估等。

1）网关通用安全：主要包括物联网终端硬件安全操作系统安全、软件安全、接入认证、数据安全、协议安全隐私保护、证书规范、固件安全、插件/组件安全等。

2）模组安全：规范通信模组在接入认证、数据交互、数据传输、抗电磁干扰等方面的安全要求，包括蜂窝通信模组和其他类型通信模组等。

3）通信芯片安全：主要包括通信加密算法、密钥管理、加解密能力、签名验签、数据存储、芯片安全基线要求。

3. 网关安全

1）网关通用安全：规范物联网网关相关的功能架构、安全协议、安全防护以及数据传输、处理和存储等方面的安全技术要求，主要包括网关安全模型、安全架构、安全功能、安全性能、数据安全、边缘计算安全、安全协议等。

2）网关通信与接口安全：规范网关与其他设备互联时通信接口和管理接口的安全通信协议、黑白名单、鉴权认证等方面技术要求，主要包括网关南向和北向接口安全规程、安全协议流程、端口防护等。

3）网关物理环境安全：规范网关储存、运输和使用环境条件下电磁辐射、防电磁干扰、抗硬力破坏、温湿盐雾环境适应能力等方面技术要求，主要包括网关设备电磁兼容、机械环境适应性、气候环境适应性等。

4）网关组件安全：规范网关功能服务、数据采集、数据传输处理等软硬件组件的安全设计、安全功能等方面技术要求，主要包括网关设备组件安全架构、开源组件安全应用启动安全等。

5）网关测试评估：规范网关安全评估测试方法，主要包括设备安全测试、组件安全测试、接口安全测试、安全管理维护测试、数据传输处理安全测试、环境适应性测试、分级分类评估测试等。

4. 平台安全

物联网平台包括设备管理平台、连接管理平台、应用使能平台、业务分析平台、态势感知及风险处置平台等。物联网平台安全标准主要包括平台通用安全、平台安全防护、平台交互安全、平台安全监测、平台测试评估等。

1）平台通用安全：规范各类物联网平台通用数据安全、通信安全、身份鉴别、安全监测、物理安全、安全可信等方面要求，主要包括通用安全框架、平台可信计算等。

2）平台安全防护：规范物联网平台及基于物联网平台开发的行业业务系统和对外应用组件的访问控制、防代码逆向、安全审计、篡改和注入防范等安全防护要求，主要包括平台业务基础安全、平台安全防护要求等。

3）平台交互安全：规范物联网平台之间、平台与上层业务系统或管理系统、平台与下层接入设备之间的数据交互、加密传输、交互接口配置和审计等方面的安全要求，主要包括不同物联网平台之间交互、平台与南向和北向之间交互等。

4）平台安全监测：规范物联网平台的安全监测、态势汇总等功能建设，主要包括物联网网络安全监测预警平台、物联网网络安全态势感知平台等。

5）平台测试评估：规范物联网平台的通用安全、平台安全防护、平台内部和平台之间交互安全、平台安全管理等方面的测试评估方法，主要包括物联网平台能力评估、安全防护测试、交互安全测试和安全管理评估等。

5. 安全管理

安全管理标准用于指导行业落实通用安全管理要求，主要包括数据安全管理、安全信息协同、管理与维护安全、安全认证等。

1）数据安全管理：面向物联网业务应用产生的各类数据，保障数据在各环节的安全可控和使用，主要包括在采集、传输、存储、处理、共享、销毁等关键环节的数据安全基础管理和技术保障等。

2）安全信息协同：针对物联网协议类型众多，明确物联网基础安全相关数据互联互通标准，实现跨协议安全互联互通，主要包括接口规范、测试方法等。

3）管理与维护安全：规范不同物联网场景下终端网关、平台的运维管理等方面安全要求，主要包括制度建设、安全组织、人员管理、运行安全、资产管理、配置管理、远程维护安全、脆弱性检测、应急响应与管理、灾备恢复等。

4）安全认证：规范不同类型的物联网终端、网关、平台的认证管理，用于不同类型设备的安全认证互通互认，主要包括证书生成、证书管理、证书更换等。

4.4 物联网技术在智能建造中的应用

4.4.1 智慧社区

近几年在5G、大数据、物联网、人工智能、云计算、区块链、数字孪生等技术的应用和发展下，我国智慧城市、智慧社区进入快速发展阶段，社区管理和服务的内涵不断丰富和延伸。智慧社区的发展将促进生活和治理方式的转变，通过智慧社区的建设，以点带面逐渐实现城市整体智慧化服务水平提升，从而促进城市可持续发展。

以物联网为例，搭建物联网管控平台，为智慧社区应用提供支撑。在社区管辖范围内搭建以物联网管控平台、大数据分析平台、数字孪生搭建平台、人工智能服务平台等为核心的一体化、轻量化平台，整合社区数据和各类资源统一接入管理，实现社区感知数据的整合共享，为上层应用提供支撑，实现即插即用。同时通过区块链接技术，在平台搭建过程中对网络安全、信息安全、数据安全等关键数据进行保障，保障设备与平台、平台与平台之间数据进行加密传输，确保关键技术自主可控，对提升社区服务、治理水平，加快补齐城乡基层智慧治理基础设施建设不完善的短板，打造万物互联的智慧社区具有重要作用。

4.4.2 面向智能工地的工程物联网

工程物联网作为物联网技术在工程建设领域的拓展，通过各类传感器感知工程要素状态信息，依托统一定义的数据接口和中间件构建数据通道。工程物联网将改善施工现场管理模式，支持实现对"人的不安全行为、物的不安全状态、环境的不安全因素"的全面监管。

图4.9所示为工程物联网的应用案例之一，在工程物联网的支持下，施工现场将具备如下特征：一是万物互联，以移动互联网、智能物联等多重组合为基础，实现"人、机、料、法、环、品"六大要素间的互联互通；二是信息高效整合，以信息及时感知和传输为基础，将工程要素信息集成，构建智能工地；三是参与方全面协同，工程各参与方通过统一平台实现信息共享，提升跨部门、跨项目、跨区域的多层级共享能力。

当前，我国工程物联网的技术水平和国外相比仍有较大差距。美国、日本、德国的传感器品类已经超过20000种，占据了全球超过60%的传感器市场，且随着微机电系统（MEMS）工艺的发展呈现出更加明显的增长态势。我国80%的中高端传感器依赖进口。除了传感器，现场柔性组网、工程数字孪生模型迭代等技术均亟待发展。另外，我国工程物联网的应用主要关注建筑工人身份管理、施工机械运行状态监测、高危重大分部分项工程过程管控、现场

第4章 物联网技术与应用

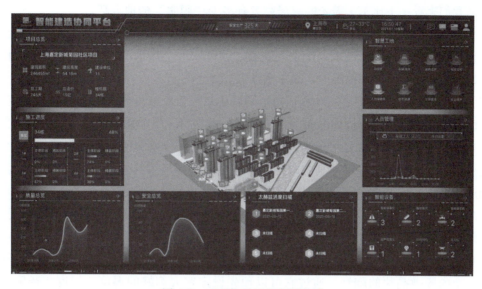

图 4.9　工程物联网的应用案例

环境指标监测等方面,然而相关研究调研结果显示,工程物联网的应用对超过 88% 的施工活动仅能产生中等程度的价值,在有限的资源下如何提高工程物联网的使用价值,将是未来需要解决的重要问题。

4.4.3　物联网智能家居应用实例——比尔·盖茨"最有智慧"的豪宅

比尔·盖茨是 20 世纪最伟大的计算机软件行业巨人,做软件出身的他居住的地方也让人叹为观止。比尔·盖茨耗巨资、花费数年建造起来的大型科技豪宅,堪称当今世界智能家居的经典之作,高科技和家居生活的完美融合,成为世界关注的一大奇观。比尔·盖茨的豪宅坐落在西雅图,外界称它是"未来生活预言"的科技豪宅、全世界"最有智慧"的建筑物。这座著名的"大屋"(Big House)雄踞华盛顿湖东岸,前临水、后倚山,占地面积极为庞大,为 66000 英亩(1 英亩=4046.8648m^2),相当于几十个足球场。这座豪宅共有 7 间卧室、6 个厨房、24 个浴室、一座穹顶图书馆、一座会客大厅和一片养殖鳟鱼的人工湖泊等,如图 4.10 所示。

图 4.10　比尔·盖茨"最有智慧"豪宅全景

下面我们来看一下比尔·盖茨的家居究竟有多少"聪明"的地方吧。

（1）远距离遥控　用手机接通别墅的中央计算机，启动遥控装置，不用进门也能指挥家中的一切。如提前放满一池热水，让主人到家时就可以泡个热水澡，当然也可以控制家中的其他电器，如开启空调、调控温度、简单烹煮等。

（2）电子胸针"辨认"客人　相信每个到过比尔·盖茨家里做客的人都会有宾至如归的感觉，而有这种感觉都是一枚小小的"电子胸针"的功劳。整个豪宅根据不同功能分为12个区域，这枚"电子胸针"就是用来辨认客人的。它会把每位来宾的详细资料藏在胸针里，从而使地板中的传感器能在15m范围内跟踪到人的足迹。当传感器感应到有人到来时就会自动打开相应的系统，离去时就会自动关闭相应的系统。

如果不了解其中的技术运用，你会不会觉得豪宅就像是一个神机妙算的诸葛亮呢？它什么都了解，但是如果没有这枚"胸针"就麻烦了，防卫系统会把陌生的访客当作"小偷"或者"入侵者"，警报一响，就会有保安出现在你面前了。具体过程是：访客从一进门开始，就会领到一个内置微晶片的胸针，通过它可以预先设定客人偏好的温度、湿度、音乐、灯光、画作、电视节目等条件。无论客人走到哪里，内置的感测器就会将这些资料传送至"Windows NT"系统的中央计算机，计算机会根据资料满足客人的需求。因此，当客人踏入一个房间，藏在壁纸后方的扬声器就会响起你喜爱的旋律，墙壁上则投射出你熟悉的画作。

此外，客人也可以使用一个随身携带的触控板，随时调整感觉，甚至当你在游泳池戏水时，水下都会传来悦耳的音乐。整个建筑的照明系统也是全自动的，大约铺设了长达80km的电缆，数字神经绵密完整，种种智能家电就此通过连接而"活"起来；再加上宛如人体大脑的中央计算机随时上传下达，频繁地接收手机、收讯器与感应器的信号，那些卫浴、空调、音响、灯光则格外听话，但是，墙壁上却看不到一个插座。

（3）房屋的安全系数　豪宅的门口安装了微型摄像机，除了主人，其他人进门均由摄像机通知主人，由主人向计算机下达命令，开启大门，发送胸针进入。当一套安全系统出现故障时，另一套备用的安全系统则会自动启用。若主人外出或休息时，布置在房子周围的报警系统便会开始工作，隐藏在暗处的摄像机能拍到房屋内外的任何地方，并且发生意外时，住宅的消防系统会自动对外报警，显示最佳营救方案，关闭有危险的电力系统，并根据火势分配供水。

第 5 章

数字孪生技术与应用

■ 5.1　数字孪生概述

目前，互联网、大数据、人工智能等新技术越来越深入人们的日常生活。人们投入到社交网络、网络游戏、电子商务、数字办公中的时间不断增多，个人也越来越多地以数字身份出现在社会生活中。可以想象，除去睡眠等占用的无效时间，如果人类每天在数字世界活动的时间超过有效时间的 50%，那么人类的数字化身份会比物理世界的身份更真实有效。在过去的几年里，物联网领域一直流行着一个新的术语：数字孪生（Digital Twin）。这一术语已被美国知名咨询及分析机构 Gartner 添加到 2019 年十大战略性技术趋势中。2019 年 2 月，在世界范围内影响最广泛的医疗信息技术行业大型展会之一——美国医疗信息与管理系统学会全球年会上，人工智能（AI）医疗是与会人员广泛关注的焦点话题，其中最引人注目的是西门子正在研发的 AI 驱动的"数字孪生"技术，旨在通过数字技术了解患者的健康状况并预测治疗方案的效果。2019 年 3 月 10 日，埃塞俄比亚航空坠机事件导致那么多条生命逝去，令人痛惜。痛定思痛，波音 737 MAX8 客机不到半年发生两次重大事故，引发外界对飞机日常检修维护的讨论，与之相关的数字孪生概念股全部涨停，数字孪生技术也受到更加强烈的关注。数字孪生到底是什么？它可以实现什么样的功能？又可以为企业带来什么样的效益？如何创建数字孪生？目前它在哪些实际应用领域发挥着什么样的作用呢？

5.1.1　数字孪生的一般定义

通俗来讲，数字孪生是指针对物理世界中的物体，通过数字化的手段构建一个在数字世界中一模一样的实体，借此来实现对物理实体的了解、分析和优化。从更加专业的角度来说，数字孪生集成了人工智能（AI）和机器学习（ML）等技术，将数据、算法和决策分析结合在一起，建立模拟，即物理对象的虚拟映射，在问题发生之前先发现问题，监控物理对象在虚拟模型中的变化，诊断基于人工智能的多维数据复杂处理与异常分析，并预测潜在风险，合理有效地规划或对相关设备进行维护。

数字孪生是形成物理世界中某一生产流程的模型及其在数字世界中的数字化镜像的过程和方法（见图 5.1）。数字孪生有五大驱动要素——物理世界的传感器、数据、集成、分析和促动器，以及持续更新的数字孪生应用程序。

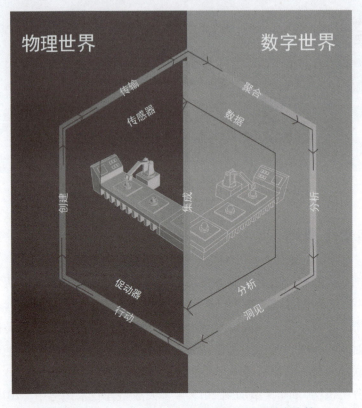

图 5.1 数字孪生是在数字世界对物理世界形成映射

（1）传感器　生产流程中配置的传感器可以发出信号，数字孪生可通过信号获取与实际流程相关的运营和环境数据。

（2）数据　传感器提供的实际运营和环境数据将在聚合后与企业数据合并。企业数据包括物料清单、企业系统和设计规范等，其他类型的数据包括工程图样、外部数据源及客户投诉记录等。

（3）集成　传感器通过集成技术（包括边缘、通信接口和安全）达成物理世界与数字世界之间的数据传输。

（4）分析　数字孪生利用分析技术开展算法模拟和可视化程序，进而分析数据、提供洞见，建立物理实体和流程的准实时数字化模型。数字孪生能够识别不同层面偏离理想状态的异常情况。

（5）促动器　若确定应当采取行动，则数字孪生将在人工干预的情况下通过促动器展开实际行动，推进实际流程的开展。

当然，在实际操作中，流程（或物理实体）及其数字虚拟镜像明显比简单的模型或结构要复杂得多。

5.1.2 "工业 4.0" 背景下的数字孪生

"工业 4.0" 术语编写组对数字孪生的定义是：利用先进建模和仿真工具构建的，覆盖产品全生命周期与价值链,从基础材料、设计、工艺、制造及使用维护全部环节,集成并驱动以统一的模型为核心的产品设计、制造和保障的数字化数据流。通过分析这些概念可以发现,数字纽带为产品数字孪生体提供访问、整合和转换能力,其目标是贯通产品全生命周期和价值链,实现全面追溯、双向共享/交互信息、价值链协同。

图 5.2 所示为著名的智能制造专家张曙教授理解并形成的数字孪生概念框架,从中可以更直观地理解"工业 4.0"术语编写组对数字孪生的定义。

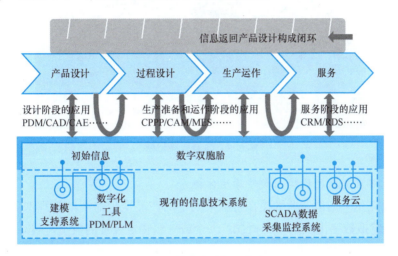

图 5.2 数字孪生概念框架

从根本上讲,数字孪生是以数字化的形式对某一物理实体过去和目前的行为或流程进行动态呈现,有助于提升企业绩效。

5.1.3 数字孪生技术的演化过程

1. 美国国家航空航天局(NASA)的阿波罗项目

"孪生体/双胞胎"概念在制造领域的使用,最早可追溯到美国国家航空航天局(NASA)的阿波罗项目。图 5.3 所示为休斯敦指挥中心的阿波罗模拟器,前景是登月舱模拟器,后面是指挥舱模拟器。在该项目中,NASA 需要制造两个完全一样的空间飞行器,留在地球上的飞行器被称为"孪生体",用来反映(或者镜像)正在执行任务的空间飞行器的状态。在飞行准备期间,被称为"孪生体"的空间飞行器被广泛应用于训练;在任务执行期间,利用该"孪生体"在地球上的精确仿太空模型中进行仿真试验,并尽可能精确地反映和预测正在执行任务的空间飞行器的状态,从而辅助太空轨道上的航天员在紧急情况下做出最正确的决策。从这个角度可以看出,"孪生体"实际上是通过仿真实时反映对象的真实运行情况的样机或模型。它具有两个显著特点:

1)"孪生体"与其所要反映的对象在外表(指产品的几何形状和尺寸)、内容(指产品的结构组成及其宏观、微观物理特性)和性质(指产品的功能和性能)上基本完全一样。

2)允许通过仿真等方式来镜像/反映对象的真实运行情况/状态。需要指出的是,此时的"孪生体"还是实物。

图 5.3　阿波罗模拟器

2. 迈克尔·格里夫斯教授提出数字孪生体概念

2003 年，迈克尔·格里夫斯教授在密歇根大学的产品全生命周期管理课程上提出了"与物理产品等价的虚拟数字化表达"的概念：一个或一组特定装置的数字复制品，能够抽象表达真实装置并可以此为基础进行真实条件或模拟条件下的测试。该概念源于对装置的信息和数据进行更清晰地表达的期望，希望能够将所有的信息放在一起进行更高层次的分析。虽然这个概念在当时并没有被称为数字孪生体，2003—2005 年被称为"镜像的空间模型"（Mirrored Spaced Model），2006—2010 年被称为"信息镜像模型"（Information Mirroring Model），但是其概念模型却具备数字孪生体的所有组成要素，即物理空间、虚拟空间及两者之间的关联或接口，因此可以被认为是数字孪生体的雏形。2011 年，迈克尔·格里夫斯教授在其书《几乎完美：通过产品全生命周期管理驱动创新和精益产品》中引用了其合作者约翰·维克斯描述该概念模型的名词，也就是数字孪生体，并一直沿用至今。其概念模型（图 5.4）包括物理空间的实体产品、虚拟空间的虚拟产品、物理空间和虚拟空间之间的数据和信息交互接口。

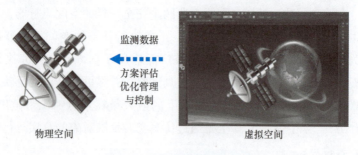

图 5.4　数字孪生体概念模型

维克斯描述的数字孪生体概念模型极大地拓展了阿波罗项目中的"孪生体"概念：

1）将"孪生体"数字化，采用数字化的表达方式建立一个与产品实体在外表、内容和性质上一样的虚拟产品。

2)引入虚拟空间,建立虚拟空间和实体空间的关联,彼此之间可以进行数据和信息的交互。

3)形象直观地体现了虚实融合、以虚控实的理念。

4)对"孪生体"概念进行扩展和延伸,除了产品,在虚拟空间针对工厂、车间、生产线、制造资源(工位、设备、人员、物料等)建立相对应的数字孪生体。

受限于当时的科技条件,该概念模型在2003年提出时并没有引起国内外学者们的重视。但是随着科学技术和科研条件的不断改善,数字孪生的概念在模拟仿真、虚拟装配和3D打印等领域得到逐步扩展及应用。

3. 美国空军研究实验室(AFRL)提出利用数字孪生体解决战斗机机体的维护问题

美国空军研究实验室(AFRL)在2011年制定未来30年的长期愿景时吸纳了数字孪生的概念,希望做到在未来的每一架战机交付时可以一并交付对应的数字孪生体,并提出了"机体数字孪生体"的概念:机体数字孪生体作为正在制造和维护的机体的超写实模型,是可以用来对机体是否满足任务条件进行模拟和判断的,如图5.5所示。

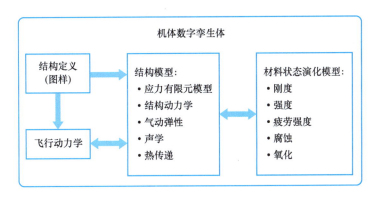

图 5.5　AFRL 提出利用数字孪生体解决战斗机机体的维护问题

机体数字孪生体是单个机身在产品全生命周期的一致性模型和计算模型,它与制造和维护飞行器所用的材料、制造规范及流程相关联,它也是飞行器数字孪生体的子模型。飞行器数字孪生体是一个包含电子系统模型、飞行控制系统模型、推进系统模型和其他子系统模型的集成模型。此时,飞行器数字孪生体从概念模型阶段步入初步的规划与实施阶段,对其内涵、性质的描述和研究也更加深入,体现在以下五个方面。

1)突出了数字孪生体的层次性和集成性,如飞行器数字孪生体、机体数字孪生体、机体结构模型、材料状态演化模型等,有利于数字孪生体的逐步实施及最终实现。

2)突出了数字孪生体的超写实性,包括几何模型、物理模型、材料状态演化模型等。

3)突出了数字孪生体的广泛性,即包括整个产品全生命周期,并从设计阶段延伸至后续的产品制造阶段和产品服务阶段。

4)突出了数字孪生体在产品全生命周期的一致性,体现了单一数据源的思想。

5)突出了数字孪生体的可计算性,可以通过仿真和分析来实时反映对应产品实体的真实状态。

4. NASA 与 AFRL 的合作

2010 年，NASA 开始探索实时监控技术（Condition-Based Monitoring）。2012 年，面对未来飞行器轻质量、高负载及更加极端环境下的更长服役时间的需求，NASA 和 AFRL 合作并共同提出了未来飞行器的数字孪生体概念。针对飞行器、飞行系统或运载火箭等，他们将飞行器数字孪生体定义为：一个面向飞行器或系统集成的多物理、多尺度、概率仿真模型，它利用当前最好的可用物理模型、更新的传感器数据和历史数据等来反映与该模型对应的飞行实体的状态。

在合作双方于 2012 年对外公布的"建模、仿真、信息技术和处理"技术路线图中，将数字孪生列为 2023—2028 年实现基于仿真的系统工程的技术挑战，数字孪生体也从此被正式带入公众的视野当中。该定义可以认为是 NASA 和 AFRL 对其之前研究成果的一个阶段性总结，着重突出了数字孪生体的集成性、多物理性、多尺度性、概率性等特征，主要功能是能够实时反映与其对应的飞行产品的状态（延续了早期阿波罗项目"孪生体"的功能），使用的数据包括当时最好的可用产品物理模型、更新的传感器数据及产品组的历史数据等。

5. 数字孪生技术先进性被多个行业借鉴吸收

2012 年，通用电气利用数字化手段实现资产业绩管理（Assets Performance Management，APM）。2014 年，随着物联网技术、人工智能和虚拟现实技术的不断发展，更多的工业产品、工业设备具备了智能的特征，而数字孪生也逐步扩展到了包括制造和服务在内的完整的产品全生命周期阶段，并不断丰富着自我形态和概念。但由于数字孪生高度的集成性、跨学科性等特点，很难在短时间内达到足够的技术成熟度，因此针对其概念内涵与应用实例的渐进式研究显得尤其重要。其中的典型成果是 NASA 与 AFRL 合作构建的 F-15 战斗机机体数字孪生体，目的是对在役飞机机体结构开展健康评估与损伤预测，提供预警并给出维修及更换指导。此外，通用电气计划基于数字孪生实现对发动机的实时监控和预测性维护；达索计划通过 3Dexperience 体验平台实现与产品的数字孪生互动，并以飞机雷达为例进行了验证。

虽然数字孪生概念起源于航空航天领域，但是其先进性正逐渐被其他行业借鉴吸收。基于建筑信息模型（Building Information Modelling，BIM）的研究构建了建筑行业的数字孪生；BIM、数字孪生、增强现实与核能设施的维护得以综合讨论；医学研究学者参考数字孪生思想构建"虚拟胎儿"用以筛查家族遗传病。

2017 年，美国知名咨询及分析机构 Gartner 将数字孪生技术列入当年十大战略技术趋势之中，认为它具有巨大的颠覆性潜力，未来 3~5 年内将会有数以亿计的物理实体以数字孪生状态呈现。

在中国，在"互联网+"和实施制造强国的战略背景下，数字孪生在智能制造中的应用潜力也得到了许多国内学者的广泛关注，他们先后探讨了数字孪生的产生背景、概念内涵、体系结构、实施途径和发展趋势，数字孪生体在构型管理中的应用，以及提出了数字孪生车间（Digital Twin Workshop）的概念，并就如何实现制造物理世界和信息世界的交互共融展开了理论研究和实践探索。图 5.6 所示为数字孪生车间的可视化展板。

总体来讲，目前数字孪生仍处于技术萌芽阶段，相关的理论、技术与应用成果较少，而具有实际价值可供参考借鉴的成果少之又少。

图 5.6　数字孪生车间的可视化展板

5.2　数字孪生技术的国内外发展现状

数字孪生的概念提出后，特别是 2017 年 Gartner 公司将其列入十大战略性科技发展趋势之后，各国都开始注重数字孪生技术的发展，提出相关的发展战略和技术解决方案。

5.2.1　国外发展现状

1. 数字孪生政策及应用

2020 年，美、英等国将数字孪生从局部探索提升为国家战略，加大了对数字孪生城市的重视，分别将数字孪生上升为国家战略政策并积极推进。2020 年 4 月，英国发布了《英国国家数字孪生体原则》，阐述了构建国家级数字孪生体的价值、标准、原则及路线图。

2020 年 5 月，美国组建数字孪生联盟，联盟成员跨多个行业进行协作，相互学习，并开发各类应用。美国工业互联网联盟将数字孪生作为工业互联网落地的核心和关键，正式发布《工业应用中的数字孪生：定义、行业价值、设计、标准及应用案例》白皮书。德国工业 4.0 参考框架将数字孪生作为重要内容。新加坡、法国等深入开展数字孪生城市建设。随着 5G、物联网产业的快速发展，数字孪生能力进一步凸显，全球各国纷纷把握机遇，实施数字孪生推进计划。新加坡率先搭建了"虚拟新加坡"平台，用于城市规划、维护和灾害预警项目。法国高规格推进数字孪生巴黎建设，打造数字孪生城市样板，虚拟教堂模型助力巴黎圣母院"重生"。

为了确保由欧盟发起的两项计划——绿色协议（Green Deal，在 2050 年实现欧洲地区

"碳中和")和数字化战略（Digital Strategy）顺利实现，气候学家和计算机科学家发起了"目的地地球倡议"（Destination Earth Initiative）项目。这一项目旨在建立一个全面和高精度的数字孪生地球，在空间和时间上精确监测和模拟气候发展、人类活动和极端事件等。这一项目由欧洲中期天气预报中心（ECMWF）、欧洲航天局（ESA）和欧洲气象卫星开发组织（EUMETSAT）联合推动。

2020年，日本东京公开了"东京都3D视觉化实证"项目，该项目以现实空间数据化的技术"数字孪生"为目标，旨在解决日益复杂的社会问题，提高都市人的生活质量，最终提高东京的经济效益。在该项目中，研究人员通过数字孪生技术制作了西新宿、涩谷、六本木区域的3D都市模型，利用这些模型进行了模拟实验，验证了它们在人口流动和防灾减灾等方面的效果，从而推动了城市基础设施建设。

俄罗斯计划在2024年完成有关将数字孪生技术引入航空发动机的研究工作。据俄罗斯联合发动机公司（UEC）创新开发部门的资深专家伊凡·季莫菲耶夫（Ivan Timofeev）透露，俄罗斯国内数十家企业将一起解决这个问题，数字孪生将是一个统一的研究系统，它描述产品在整个生命周期中的操作。这项技术的实施将加速俄罗斯航空发动机新产品的开发，减少其测试、认证和投入生产的时间。从专家的角度来看，数字孪生的创建将增强俄罗斯国产发动机的竞争优势。

汉南大桥作为韩国基础设施系统的重要组成部分，在经过40多年的运行后，该桥及同期修建的数百座大桥大部分都出现了不同程度的老化问题，亟待修缮，但需保证修缮期间不影响正常交通。桥梁修缮团队借助数字孪生与新一代BIM技术，先对当前桥梁状况做出全面评估，然后制定完善的维护计划及评估体系。此外，该修缮工程还利用数字孪生模型和图像处理与跟踪方法，对裂缝、材料降解、钢构件腐蚀等问题引入自动损坏检查机制，用于分析桥梁的未来表现。数字孪生技术的成功应用助力汉南大桥在修缮期间不停运。

2. 数字孪生标准

近几年，国际标准化组织相继开展了数字孪生相关标准的研究工作，具体标准研究进展见表5.1。

表 5.1 数字孪生相关国际标准

标准名称	组织	领域	进行阶段
ISO/PRF TR 24464: Automation systems and integration-Industrial data-Visualization elements of digital twins	ISO/TC 184/SC 4 Industrial data	制造	公布
ISO/DIS 23247: Automation systems and integration-Digital Twin framework for manufacturing	ISO/TC 184/SC 4 Industrial data	制造	征询意见阶段
Security measure for digital twin system of smart cities	国际电信联盟 ITU-T SG17	智慧城市	已立项
Security measure for smart residential community	国际电信联盟 ITU-T SG17	智慧城市	已立项

(续)

标准名称	组织	领域	进行阶段
System architecture of digital representation for physical objects in factory environments	IEEE P2806	制造	已立项
Standard for connectivity requirements of digital representation for physical objects in factory environments	IEEE P2806.1	制造	已立项
Digital twin—Concepts and terminology	ISO/IEC JTC1	制造	已立项
Digital twin—Use cases	ISO/IEC JTC1	制造	已立项
Unified reference model for smart manufacturing	IEC/ISO/JWG21	制造	已立项

国际标准化组织 ISO/TC 184/SC 4 Industrial data 标准工作组目前推进两个数字孪生相关标准的研究，分别围绕数字孪生体的可视化组件和数字孪生系统框架方面开展。国际电信联盟 ITU-T SG17 标准工作组的工作主要围绕智慧城市领域，分别在数字孪生系统安全机制和智慧社区安全机制方面展开相关工作。IEEE 标准化协会成立数字孪生标准工作组 P2806 和 P2806.1，分别负责研究智能工厂物理实体的数字化表征和连接性要求。ISO/IEC JTC1 围绕数字孪生概念术语和应用案例展开研究。其中，IEEE P2806 标准组和 ISO/IEC JTC1 标准组是由中国电子技术标准化研究院牵头。IEC/ISO/JWG21 围绕制造领域中数字孪生参考模型架构等方面展开相关标准研究工作。

5.2.2 国内发展现状

1. 数字孪生政策及应用

国家发展改革委和中央网信办在 2020 年 4 月 7 日发布了《关于推进"上云用数赋智"行动培育新经济发展实施方案》，通常称为"发改高技〔2020〕552 号文件"。它首次指出数字孪生是七大新一代数字技术之一，其他六种技术为大数据、人工智能、云计算、5G、物联网和区块链。该文件同时单独提出了"数字孪生创新计划"，即我国数字孪生国家战略，该计划要求"引导各方参与提出数字孪生的解决方案"。虽然我国提出数字孪生国家战略并不是最早的，但把数字孪生作为一个产业提出，则早于英国、美国、德国和日本。七大新一代数字技术中蕴含的数字化、网络化、智能化、服务化的技术特点与第四次工业革命的发展趋势高度融合，也是数字孪生技术作为新经济驱动力的重要体现，其潜在价值巨大。

在 2021 全球数字经济大会上，中国信息通信研究院发布的《全球数字经济白皮书》显示，2020 年，全球 47 个国家数字经济规模总量达到 32.6 万亿美元，同比名义增长 3.0%，占 GDP 比重为 43.7%。我国数字经济规模为 5.4 万亿美元，位居世界第二；同比增长 9.6%，位居世界第一。随着"工业 4.0"的提出，数字孪生等新兴技术逐渐进入人们视野，热度不断攀升，备受行业内外关注。我国也相继制定了网络强国、数字中国的重要发展战略。

《中共中央关于制定国民经济和社会发展第十四个五年规划和二〇三五年远景目标的建议》提出，坚定不移建设制造强国、质量强国、网络强国、数字中国，必须加快数字化发展，推动产业与经济的数字化，努力建设以人为核心的新型城市，为数字孪生城市的发展指明了道路。数字孪生城市有助于未来城市的可持续发展、渐进式的竞争力提升，是多方高端资源整合的平台载体，是新一代信息技术综合应用的典型例子。近年来，国家发展改革委、科技部、工业和信息化部、自然资源部、住房和城乡建设部等部委密集出台政策文件推动 CIM 及 BIM 相关技术与数字孪生的高度融合与各方产业的快速发展，推动数字孪生城市构建过程中的技术突破。2020 年 2 月工信部在《建材工业智能制造数字转型三年行动计划（2020—2022 年）》中提出，运用计算建模、实时传感、仿真技术等手段推动 BIM 技术的深层次发展；2020 年 9 月住房和城乡建设部在《城市信息模型（CIM）基础平台技术导则》中倡导各地积极开展 CIM 基础平台建设。

在地方信息化发展及区域试点等关键举措方面，数字孪生技术同样起着重要的作用。2021 年 4 月 1 日，河北雄安新区成立四周年，在《国务院关于河北雄安新区总体规划（2018—2035 年）的批复》中明确指出，数字城市与现实城市要同步规划、数字城市与物理城市同频共振、同步建设，适度超前布局智能基础设施，推动全域智能化应用服务实时可控，建立健全大数据资产管理体系，打造具有深度学习能力、全球领先的数字城市，可谓数字中国蓝图构建的示范性工程。上海市发布的《关于进一步加快智慧城市建设的若干意见》明确指出，智慧城市是城市能级和核心竞争力的重要体现，是上海建设具有全球影响力的科技创新中心的重要载体，要努力将上海建设成为全球新型智慧城市的排头兵，国际数字经济网络的重要枢纽，引领全国智慧社会、智慧政府发展的先行者，智慧美好生活的创新城市。《智慧海南总体方案（2020—2025 年）》提出，全面引入新理念、新模式、新机制、新应用，充分运用先进技术和前沿科技，以打造"数字孪生第一省"为主要手段，通过将人、车、物、空间等城市数据全域覆盖，形成可视、可控、可管的数字孪生城市，进而实现城市空间价值增值、城市精细化治理及智能规划决策等。《广东省推进新型基础设施建设三年实施方案（2020—2022 年）》中指出，要积极推动省内智慧城市工程建设，探索构建"数字孪生城市"实时模型，实现实体城市向数字空间的全息投影，构建"万物互联、无时不有、无处不在"的城市大脑神经感知网络，支持广州、深圳等有条件的城市建设"城市大脑"，最终为"数字政府"改革建设提供坚实可靠的数字底座。"十四五"时期，北京城市副中心将以建设世界智慧城市典范为目标，打造数字孪生城市，让城市"能感知、会思考、可进化、有温度"，加快打造数字孪生城市运行底座，融合基础地理、建筑信息等数据开展三维城市建模，并促进数字孪生城市应用试点，以提升市民获得感。图 5.7 所示是智慧城市蓝图。

2. 数字孪生标准

截至 2020 年 12 月 31 日，国内各个标准化组织积极开展了数字孪生相关标准研究工作，见表 5.2。

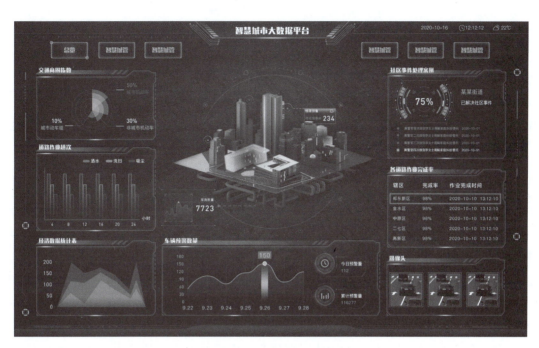

图 5.7 智慧城市蓝图

表 5.2 数字孪生相关国内标准

标准名称	组织	类别	进行阶段
20203707-T-604 自动化系统与集成复杂产品数字孪生体系架构	全国自动化系统与集成标准化技术委员会	国家标准	起草阶段
数字孪生公共信息模型（CIM）平台总体框架	中关村现代信息消费应用产业技术联盟	团体标准	已立项
T/CAEE 006—2020 数字孪生仿真数据管理系统（SDM）数据中国电子装备技术开发协会模型规范	中国电子装备技术开发协会	团体标准	公布
T/CAEE 008—2020 数字孪生智能制造系统平台组织结构及权限管理规范	中国电子装备技术开发协会	团体标准	公布
T/CAEE 010—2020 数字孪生定制移动 APP 通用安全技术规范	中国电子装备技术开发协会	团体标准	公布
T/CAEE 011—2020 数字孪生移动应用程序通用测试规范	中国电子装备技术开发协会	团体标准	公布
T/GDMES 0018.1—2020 数字孪生生产线第 1 部分：术语和定义	广东省机械工程学会	团体标准	公布
T/GDMES 0018.2—2020 数字孪生生产线第 2 部分：离散制造结构	广东省机械工程学会	团体标准	公布
T/GDMES 0018.3—2020 数字孪生生产线第 3 部分：离散制造设计平台	广东省机械工程学会	团体标准	公布
T/TMAC 025—2020 智能建造数字孪生车间技术要求	中国技术市场协会	团体标准	公布

（续）

标准名称	组织	类别	进行阶段
Q/110108JHWT 001-2020 基于模型系统工程的数字孪生在线协同设计平台标准	精航伟泰测控仪器（北京）有限公司	企业标准	公布
Q/300000CSY 001-2020 面向 5G+数字创意的数字孪生可视化远程协同设计系统标准	磁石云（天津）数字科技有限公司	企业标准	公布
Q/JEE 030-2020 面向新能源汽车动力系统智能生产线的机器人数字孪生体模型	安徽巨一科技股份有限公司	企业标准	公布
Q/JEE 029-2020 面向新能源汽车动力系统智能生产线的机器人数字孪生联调测试	安徽巨一科技股份有限公司	企业标准	公布

全国自动化系统与集成标准化技术委员会起草复杂产品数字孪生体系架构标准。中关村现代信息消费应用产业技术联盟围绕数字孪生公共信息模型（CIM）平台开展标准研究。中国电子装备技术开发协会发布了《数字孪生仿真数据管理系统（SDM）数据模型规范》《数字孪生智能制造系统平台组织结构及权限管理规范》《数字孪生定制移动 APP 通用安全技术规范》和《数字孪生移动应用程序通用测试规范》四个团体标准。广东省机械工程学会围绕数字孪生生产线展开相关的团体标准研究。中国技术市场协会发布了《智能建造数字孪生车间技术要求》一项团体标准。此外，也有部分企业开展了企业标准的相关研究。博创智能装备股份有限公司发布了《注塑机数字孪生平台》标准。精航伟泰测控仪器（北京）有限公司发布了《基于模型系统工程的数字孪生在线协同设计平台标准》。磁石云（天津）数字科技有限公司发布了《面向 5G+数字创意的数字孪生可视化远程协同设计系统标准》。安徽巨一科技股份有限公司发布《面向新能源汽车动力系统智能生产线的机器人数字孪生体模型》和《面向新能源汽车动力系统智能生产线的机器人数字孪生联调测试》两项企业标准。

5.3 数字孪生技术概况

5.3.1 数字孪生的四个典型技术特征

（1）虚实映射　数字孪生技术要求在数字空间构建物理对象的数字化表示，现实世界中的物理对象和数字空间中的孪生体能够实现双向映射、数据连接和状态交互。

（2）实时同步　基于实时传感等多元数据的获取，孪生体可全面、精准、动态反映物理对象的状态变化，包括外观、性能、位置、异常等。

（3）共生演进　在理想状态下，数字孪生所实现的映射和同步状态应覆盖孪生对象从设计、生产、运营到报废的全生命周期，孪生体应随孪生对象生命周期进程而不断演进更新。

（4）闭环优化　建立孪生体的最终目的是通过描述物理实体内在机理、分析规律、洞察趋势，基于分析与仿真对物理世界形成优化指令或策略，实现对物理实体决策优化功能的闭环。

5.3.2 数字孪生的关键技术

1. 建模

数字孪生的意义在于实现数字化建模的过程,以此对真实的目标进行描述和表征。这种方式能够控制与分析物理实体全生命周期的属性。该技术的核心部分是建立物理单元的数字模型及建模过程,过程中涉及多方面内容,不能只是片面地考虑单一物理量和数据交互,而是要综合多方面因素,全面考虑多尺度和多物理量,才能得到精度更高的模型。

2. 仿真

在通过模型描述物理实体的过程中,需要采用特定的仿真手段验证这种虚拟模型的准确性和完整性。因此,仿真属于至关重要的过程。对于数字孪生系统而言,如果在建模过程中只是利用一个分析物理模型,往往难以得到理想的仿真效果。采用深度学习等数据驱动类方法时,这种建模机制基本等同于黑匣子,且不包含对模型机制的解释,将很难理解模型。所以,在建模过程中需要综合考虑多方面因素,并确定合适的建模方法。如果数字孪生系统的复杂度较高,则应全面考虑运行环境、自身结构特征等,然后基于数据驱动的方法优化和改进模型,使其与实际的目标系统保持较高的一致性,并且在此基础上预测未来的发展趋势。因此仿真过程中可以采用数据和模型驱动相结合的方法,以提升仿真质量。

3. 虚拟现实

虚拟现实技术已经广泛应用于实际生产领域,可以基于数字化技术为用户呈现逼真的场景,使得目标系统的基本结构、运行状态和变化趋势等信息转化为三个状态,以实时映射多维空间。虚拟现实为设备管理员提供各种感官的逼真体验,并以最真实的含义为设备管理员提供与虚拟身体的互动。管理员则可以基于现有技术得到精度较高的操作反馈,进而通过最直观的方式显示设备的缺陷和好处,并从中获得设备改进的灵感。对于高风险制造,虚拟现实能够直接呈现设备工作状态的具体信息,确保设备处于最佳的运行状态。所以,虚拟现实技术的应用具有重要意义,能够在数字孪生系统的整个生命周期中改善设备、维护设备并优化性能。

5.3.3 实现数字孪生的技术流程

数字孪生技术实施过程如图 5.8 所示。首先,采集数据的过程,即通过不同的技术和设备来采集需要的数据信息。其次,对采集的原始数据进行适当预处理,然后通过平台进行仿真,得到一定的仿真对象。最后,通过平台分析和预测虚拟实体的工作状态,可以自定义和增强实际物理实体,并实时更新虚拟实体,实现真实的整个生命周期映射,反馈调整模拟对象和虚拟实体。

数字孪生的技术架构如图 5.9 所示,分为物理层、数据层、模型层、功能层四层。数字孪生技术架构的四个层面是相互关联的,物理层为模型层提供感知数据,模型层又为物理层提供仿真数据;在数据层中可以对物理和模型两者中的数据做采集、传输、预处理、处理分析,从而实现对产品的描述、诊断、预测、决策。当前正是数字孪生技术发展的成长期,通过对数字孪生技术架构的分析,可以总结出数字孪生技术的主要应用层面。

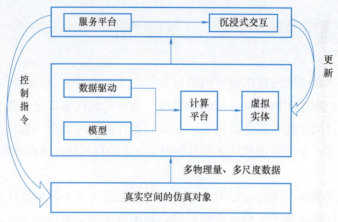

图 5.8　数字孪生技术实施过程

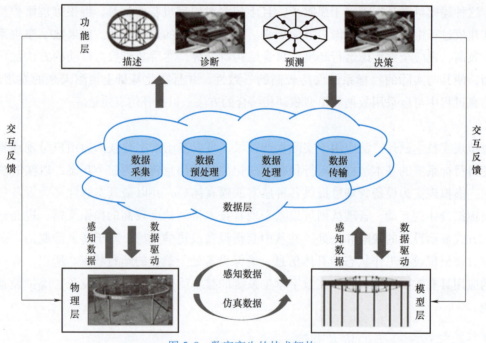

图 5.9　数字孪生的技术架构

5.4　数字孪生技术在智能建造中的应用

通过广泛的文献调研，得到智能建造在施工领域的四个关键应用，即施工要素在现场的定位、施工布局优化、信息化管理、动态监测。智能建造是结合全生命周期和精益建造理念，利用先进的信息技术和建造技术，对建造的全过程进行技术和管理的创新，实现建设过程数字化、自动化向集成化、智慧化的变革，进而实现优质、高效、低碳、安全的工程建造模式和管理模式。随着人工智能、VR、5G、区块链等新兴信息技术的涌现并应用至工程实践，将会产生更多智慧创新应用成果，不断丰富智能建造的内涵。例如，智慧工地（图 5.10）得到了充分的发展。

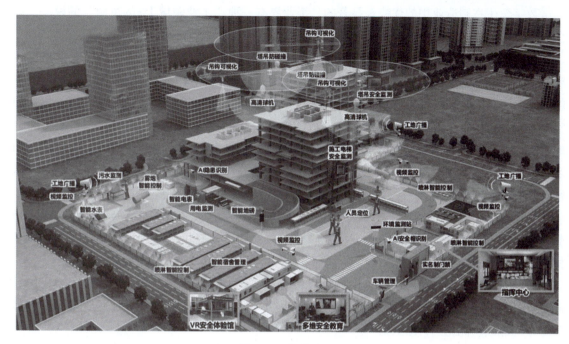

图 5.10 智慧工地

5.4.1 智能建造与数字孪生

智能建造从范围上来讲，包含了建设项目建造的全生命周期；从内容上来讲，通过互联网和物联网来传递数据，借助于云平台的大数据挖掘和处理能力，建设项目参建方可以实时清晰地了解项目运行的方方面面；从技术上来讲，智能建造中"智能"的根源在于以 BIM、物联网等为基础和手段的信息技术的应用，智能建造涉及的各个阶段、各个专业领域不再相互独立存在，信息技术将其串联成一个整体，这就要求建造过程中做到信息物理的融合。

实现信息物理融合的有效手段是数字孪生技术。如图 5.11 所示，为物理世界和虚拟世界的对比。一方面，数字孪生能够实现建造过程的现实物理空间与虚拟数字空间之间的虚实映射；另一方面，数字孪生能够将实况信息与信息空间数据进行交互反馈与精准融合，从而增强现实世界与虚拟空间的同步性与一致性。

图 5.11 物理世界与虚拟世界对比

数字孪生在制造业中的优势是显著的，工业界有一种"工业领域1%的革命"的说法，即全球工业生产效率提高1%，成本降低300亿。

数字孪生通过设计工具、仿真工具、物联网等手段，将物理设备的各种属性映射到虚拟空间中，形成一个可拆卸、可复制、可修改、可删除的数字图像，提高了操作者对物理实体的理解。这将使生产更加方便，也将缩短生产周期。当然，数字孪生通过对目标感知数据的实时了解，借助于对经验模型的预测和分析，通过机器学习可以计算和总结出一些不可测量的指标，也可以大大提高对机械设备和过程的理解、控制和预测。因此，通过对物理空间和逻辑空间中的对象实现深刻的认识、正确的推理和精确的操作，数字孪生可以提高设计、运行、控制和管理的效率。

面向产品的数字孪生应用聚焦产品全生命周期优化。例如，AFRL与NASA合作构建F-15数字孪生体，基于战斗机试飞、生产、检修全生命周期数据修正仿真过程机理模型，提高了机体维护预警准确度。

面向车间的数字孪生应用聚焦生产全过程管控。例如，空客通过在关键工装、物料和零部件上安装RFID，生成了A350XWB总装线的数字孪生体，使工业流程更加透明化，并能够预测车间瓶颈、优化运行绩效。

虚拟验证能够在虚拟空间对产品、产线、物流等进行仿真模拟，以提升真实场景的运行效益。例如，ABB推出Pick Master Twin，客户能够在虚拟产线上对机器人配置进行测试，使拾取操作在虚拟空间进行验证优化。

在新兴现代化信息技术（物联网、人工智能、大数据等）快速发展的背景下，建筑行业也迎来了高质量发展的契机，同时也推动着建筑行业的转型升级，走向智能化。针对如何深化落实信息技术在建筑业中的融合和应用，各个国家基于自身国情分别提出了相应的发展策略，促使了信息物理融合、数字孪生等相关技术的快速发展。在新兴现代化技术中，数字孪生为建造业精细化和数字化的发展提供了新的方法和思路。近年来，数字孪生、智能建造越来越受到业内专家学者的重视，在工业界也取得了丰硕的成果。

数字孪生技术是以高度仿真的动态数字模型来模拟验证物理实体的状态和行为的技术，旨在以虚映实、以虚控实。

智能建造是一种广义的概念，是指在项目建造过程中，充分利用先进的智能化、机械化技术手段，达到项目质量、安全、进度、成本更优的目的，构建项目建造和运行的智能化环境。

5.4.2 数字孪生在智能建造中的应用内容

数字孪生作为实现智能建造的关键前提和使能技术（Enabling Technology）之一，能够实现虚拟空间与物理空间的信息融合与交互，并向物理空间实时传递虚拟空间反馈的信息，从而实现建筑工程的全物理空间映射、全生命周期动态建模、全过程实时信息交互、全阶段反馈控制。

智能建造的本质是结合设计和管理实现动态配置的生产方式，从而对施工方式进行改造和升级。智能建造在一定程度上提高了建筑工程的数字化与信息化水平，采用数字孪生技术，则引入了"数字化镜像",使得在虚拟世界中再现智能建造过程成为可能。虚实融合与交互反馈的过程,实质上是数据与信息在虚实世界中传递与发挥作用的过程。

在智能建造中,除了施工阶段实现智能化,还应在建筑物的设计、运维阶段提高精细化水平,实现对整个建造过程进行实时优化控制。在建筑物的全生命周期管理中,数据是传递建造信息的重要载体,在智能建造中应用数字孪生技术,需要解决四个关于数据的问题(图5.12),即数据采集与通信、数据建模、数据管理、数据应用。

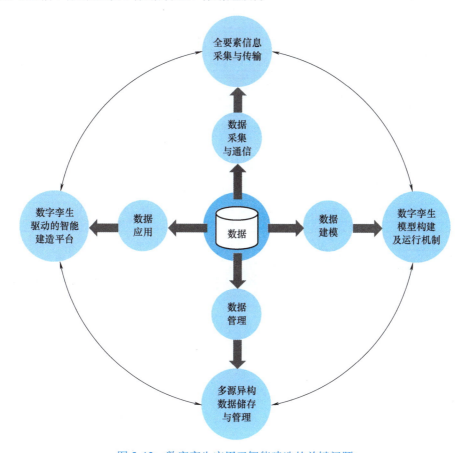

图 5.12 数字孪生应用于智能建造的关键问题

针对数字孪生技术应用于智能建造要解决的问题,提出了利用物理模型和虚拟模型的信息进行数据采集、预处理、挖掘和融合,全方位监控建造过程的生产要素的方法。根据数字孪生的技术架构,在施工阶段,搭建了基于数字孪生的智能建造框架,该框架包括物理空间、虚拟空间、信息处理层、系统层四部分,各部分之间的关系为:物理空间提供建造过程多源异构数据并实时传送至虚拟空间;虚拟空间通过建立虚拟模型,完成从物理空间到虚拟空间的真实映射,实现对物理空间建造全过程的实时反馈控制;大数据存储管理平台接收物理空间与虚拟空间的数据并进行数据处理操作,提高数据的准确性、完整性和一致性,作为调控建造活动的决策性依据;基于数字孪生的智能建造系统平台通过分析物理空间的实际需求,依靠虚拟空间算法库、模型库和知识库的支撑和信息层强大的数据处理能力,进行建筑工程数字孪生的决策与功能性调控,数字孪生技术在智能建造施工阶段的应用框架如图5.13所示。

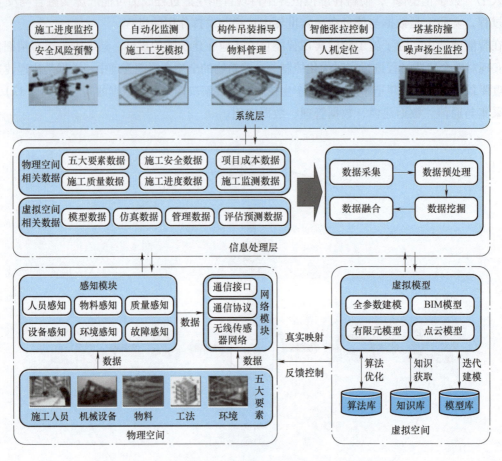

图 5.13　数字孪生技术在智能建造施工阶段的应用框架

在装配式建筑施工中，应用数字孪生理念，通过人工建模、物联网和设备采集信息的方法，现实物理实体同虚拟模型的交互映射，构建出孪生模型，并生成孪生数据。最后利用机器学习算法等对数字孪生模型中的信息进行分析，通过智能设备把分析结果传达给施工人员。在数字孪生技术的驱动下实现了施工过程安全风险管理等服务功能。在预应力钢结构的张拉过程中，充分考虑时间与空间两个维度，在空间维度，实现对张拉系统纵向维度的多尺度建模；在时间维度，建立以孪生智能体为主的动态协同运作机制，支撑智能张拉虚实交互配置建模及多维多尺度时空域下的智能张拉过程的建模，实现对智能张拉系统的仿真模拟与虚实集成管控。

数字孪生除了可以应用于智能建造的施工阶段，还可以应用于设计和运维阶段，加强建筑物全生命周期的精细化管理。在智能建造的设计阶段，融合数字孪生技术可以实现建筑物的协同化设计。在设计过程中，将建筑物的孪生模型融合虚拟现实技术，及时预测和规避设计的不合理之处，提高设计精度，在施工过程中避免图样的多次返工整改，保证施工质量和速度。在智能建造的运维阶段，融合数字孪生技术可以实现建筑物的智能运维管理，应用数字孪生理念，由包括虚拟模型数据和设备参数数据在内各种数据库作为支撑，融合建筑结构和设备在运行和维护过程中产生的数据,形成建筑结构和设备的数字孪生体。由此实现建筑结构和设备实体与虚拟建筑结构和设备实体之间的同步反馈和实时交互,以达到对建筑结构和设备故障准确地预测与健康管理服务的目的。

基于数字孪生技术可以实现产品全生命周期的智能化管理,对产品设计、制造、存储及运输各个阶段进行建模,并将产品的整个生命周期映射到虚拟空间中来管理产品质量。它通过监视和预测产品整个虚拟过程的各种状态,统一调节和管理产品的整个过程,可以准确预测在跟踪过程中将要出现的问题,以便及时做出相应处理,确保产品始终保持最优的状态。数字孪生技术在产品全生命周期的应用如图 5.14 所示。

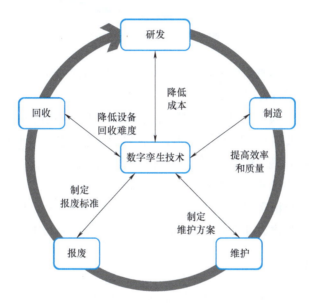

图 5.14　数字孪生技术在产品全生命周期的应用

5.4.3　数字孪生在智能建造中的应用价值

智能建造数字孪生框架为智能建造系统提供了智能技术与手段,面向建筑物的全生命周期过程,以数字化方式创建建造系统的多物理、多尺度、多学科高保真虚拟模型。通过虚实交互反馈、信息挖掘处理、方案迭代更新等手段为物理建造系统扩展新能力。智能建造就是工程建造的创新模式,这种模式是由新一代信息技术与工程建造融合形成的。数字孪生对建筑业而言,是建筑物建造过程中,物理世界的建筑产品与虚拟空间中的数字建筑信息模型同步生产、更新,形成完全一致的交付成果。

数字孪生作为实现智能建造的关键前提,它能够提供数字化模型、实时的管理信息、覆盖全面的智能感知网络,更重要的是,能够实现虚拟空间与物理空间的实时信息融合与交互反馈,从而对建造过程起到可视化呈现、智能诊断、科学预测、辅助决策四大方面的作用,数字孪生在智能建造中的应用价值如图 5.15 所示。

(1) 可视化呈现　由于虚拟数字空间中的模型是根据现实物理世界进行搭建的,因此可以通过 BIM 模型、有限元模型、三维点云模型将建筑物实体的相关性能做可视化呈现，实现了现实同虚拟的一一映射。

图 5.15　数字孪生在智能建造中的应用价值

（2）智能诊断　在虚拟映射的基础上，由孪生模型中的数据层，进行建筑物的信息处理，实现对建造过程的风险进行智能诊断。

（3）科学预测　孪生模型可以根据获取的数据拟合出建筑物的性能函数，从而准确预测安全风险的影响程度以及引起风险的作用机理，保障了建造的科学性和可行性。

（4）辅助决策　在对现实数据和模拟数据的综合分析后，可以结合建造过程中的相关性能限值，对建造过程进行指导，从而辅助施工，做出科学决策。

数字孪生技术将结合物联网、云计算、大数据等现代化信息技术应用于智能建造，并对建筑物的整个生命周期和建造过程的全要素进行监测和控制，提高建造效益。

5.4.4　数字孪生城市

数字孪生城市是数字孪生技术在城市层面的广泛应用，通过构建与城市物理世界、网络虚拟空间的一一对应、相互映射、协同交互的复杂巨系统，在网络空间再造一个与之匹配、对应的孪生城市，实现城市全要素数字化和虚拟化、城市全状态实时化和可视化、城市管理决策协同化和智能化。

综上所述，数字孪生城市的本质是实体城市在虚拟空间的映射，也是支撑新型智慧城市建设的复杂综合技术体系，更是物理维度上的实体城市和信息维度上的虚拟城市的同生共存、虚实交融的城市未来发展形态。图 5.16 所示是深圳市城市数字孪生平台概念图。

1. 数字孪生城市概念的兴起

城市发展至今还存在诸多的问题，现实状态证实了传统的发展模式越来越不可取，以信息化为引擎的数字城市、智慧城市成为城市发展的新理念和新模式。

以我国为例，智慧城市建设经历了三次浪潮（图 5.17）。

（1）2008—2012 年：概念导入期　在这个阶段，我国智慧城市经历了第一次浪潮。该时期的智慧城市建设以行业应用为驱动，重点技术包括无线通信、光纤宽带、HTTP、GIS、GPS 技术等，信息系统以单个部门、单个系统、独立建设为主要方式，形成大量信息孤岛，信息共享多采用"点对点"的自发共享方式。产业力量较为单一，由国外软件系统集成商引入概念后主导智慧城市产业发展。

第5章 数字孪生技术与应用

图 5.16　深圳市城市数字孪生平台概念图

图 5.17　我国智慧城市发展的三次浪潮

（2）2013—2015 年：试点探索期　智慧城市开始走出中国特色道路，掀起第二次浪潮。该阶段在中国城镇化加速发展的大背景下，重点推进 RFID、3G/4G、云计算、SOA 等信息技术全面应用，系统建设呈现横纵分割特征，信息共享基于共享交换平台、以重点项目或协同型应用为抓手。在推进主体上，由住房和城乡建设部牵头，在全国选取了 290 个试点，广泛探索智慧城

97

市建设路径和模式。国内外软件制造商、系统集成商、设备商等积极参与各环节建设。

（3）2016年及之后：统筹推进期　2016年，国家提出新型智慧城市概念，强调以数据为驱动，以人为本、统筹集约、注重实效，重点技术包括NB-ToT、5G、大数据、人工智能、区块链、智慧城市平台和操作系统等。信息系统向横纵联合大系统方向演变，信息共享方式从运动式向依职能共享转变。在推进方式上，由25个部委全面统筹，在市场方面由电信运营商、软件制造商、系统集成商、互联网企业各聚生态，逐步形成政府指导、市场主导的格局。

虽然数字城市的概念提出由来已久，但之前的概念并没有上升到数字孪生的高度，这与技术发展的阶段有关。如今，数字孪生城市的内涵真正体现了数字城市想要达到的愿景和目标。智慧城市是城市发展的高级阶段，数字孪生城市作为城市发展的目标，是智慧城市建设的新起点，赋予了城市实现智慧化的重要设施和基础能力；它是在技术驱动下的城市信息化从量变走向质变的里程碑，由点到线、由线到面，基于数字化标识、自动化感知、网络化连接、智能化控制、平台化服务等强大技术能力，使数字城市模型能够完整地浮出水面，作为一个孪生体与物理城市平行运转，虚实融合，蕴含无限创新空间。

对于我国智慧城市发展的第三次浪潮，可以充分利用数字孪生技术，基于立体感知的动态监控、基于泛在网络的及时响应、基于软件模型的实时分析和城市智脑的科学决策，解决城市规划、设计、建设、管理、服务闭环过程中的复杂性和不确定性问题，全面助力提高城市物质资源、智力资源、信息资源配置效率和运转状态，实现智慧城市的内生发展动力。

2. 数字孪生城市的四大特点

数字孪生城市具有下述四大特点：

（1）精准映射　数字孪生城市通过空中、地面、地下、河道等各层面的传感器布设，实现对城市道路、桥梁、井盖、灯杆、建筑等基础设施的全面数字化建模，以及对城市运行状态的充分感知、动态监测，形成虚拟城市在信息维度上对实体城市的精准信息表达和映射。

（2）虚实交互　城市基础设施、各类部件建设都留有痕迹，城市居民、来访人员上网联系即有信息。在未来的数字孪生城市中，在城市实体空间可观察各类痕迹，在城市虚拟空间可搜索各类信息，城市规划、建设及民众的各类活动，不仅在实体空间，而且在虚拟空间也得到了极大扩充，虚实融合、虚实协同将定义城市未来发展的新模式。

（3）软件定义　数字孪生城市针对物理城市建立相对应的虚拟模型，并以软件的方式模拟城市人、事、物在真实环境下的行为，通过云端和边缘计算，软性指引和操控城市的交通信号控制、电热能源调度、重大项目周期管理、基础设施选址建设。

（4）智能干预　通过在"数字孪生城市"上规划设计、模拟仿真等，对城市可能产生的不良影响、矛盾冲突、潜在危险进行智能预警，并提供合理可行的对策建议，以未来视角智能干预城市原有的发展轨迹和运行，进而指引和优化实体城市的规划、管理，改善市民服务供给，赋予城市生活"智慧"。

3. 数字孪生城市的典型场景

数字孪生城市的四个典型场景如下：

（1）智能规划与科学评估场景　对于城市规划而言，通过在数字孪生城市执行快速的"假设"分析和虚拟规划，摸清城市一花一木、一路一桥的"家底"、把握城市运行脉搏，能够推动城市规划有的放矢，提前布局。在规划前期和建设早期了解城市特性、评估规划影响，避免在不切实际的规划设计上浪费时间，防止在验证阶段重新进行设计，以更少的成本和更快的速度推动创新技术支撑的智慧城市顶层设计落地。

对于智慧城市效益评估而言，基于数字孪生城市体系及可视化系统，以定量与定性方式，建模分析城市交通路况、人流聚集分布、空气质量、水质指标等各维度城市数据，决策者和评估者可快速直观地了解智慧化对城市环境、城市运行等状态的提升效果，评判智慧项目的建设效益，实现城市数据挖掘分析，辅助政府在今后的信息化、智慧化建设中的科学决策，避免走弯路和重复建设、低效益建设。

（2）城市管理和社会治理场景　对于基础设施建设而言，通过部署端侧标志与各类传感器、监控设备，利用二维码、RFID、5G等通信技术和标识技术，对城市地下管网、多功能信息杆柱、充电桩、智能井盖、智能垃圾桶、无人机、摄像头等城市设施实现全域感知、全网共享、全时建模、全程可控，提升城市水利、能源、交通、气象、生态、环境等关键全要素监测水平和维护控制能力。

对于城市交通调度、社会管理、应急指挥等重点场景，均可通过基于数字孪生系统的大数据模型仿真，进行精细化数据挖掘和科学决策，出台指挥调度指令及公共决策监测，全面实现动态、科学、高效、安全的城市管理。任何社会事件、城市部件、基础设施的运行都将在数字孪生系统中实时、多维度呈现。对于重大公共安全事件、火灾、洪涝等紧急事件，依托数字孪生系统，能够以秒级时间完成问题发现和指挥决策下达，实现"一点触发、多方联动、有序调度、合理分工、闭环反馈"。

（3）人机互动的公共服务场景　城市居民是新型智慧城市服务的核心，也是城市规划、建设考虑的关键因素。数字孪生城市将以"人"作为核心主线，将城乡居民每日的出行轨迹、收入水准、家庭结构、日常消费等进行动态监测、纳入模型、协同计算。同时，通过"比特空间"预测人口结构和迁徙轨迹、推演未来的设施布局、评估商业项目影响等，以智能人机交互、网络主页提醒、智能服务推送等形式，实现城市居民政务服务、教育文化、诊疗健康、交通出行等服务的快速响应及个性化服务，形成具有巨大影响力和重塑力的数字孪生服务体系。

（4）城市全生命周期协同管控场景　通过构建基于数字孪生技术的可感知、可判断、可快速反应的智能赋能系统，实现对城市土地勘探、空间规划、项目建设、运营维护等全生命周期的协同创新。

1）勘察阶段。基于数值模拟、空间分析和可视化表达，构建工程勘察信息数据库，实现工程勘察信息的有效传递和共享。

2）规划阶段。对接城市时空信息智慧服务平台，通过对相关方案及结果进行模拟分析及可视化展示，全面实现"多规合一"。

3）设计阶段。应用建筑信息模型等技术对设计方案进行性能和功能模拟、优化、审查和数字化成果交付，开展集成协同设计，提升质量和效率。

4)建设阶段。基于信息模型,对进度管理、投资管理、劳务管理等关键过程进行有效监管,实现动态、集成和可视化施工管理。

5)维护阶段。依托标识体系、感知体系和各类智能设施,实现城市总体运行的实时监测、统一呈现、快速响应和预测维护,提升运行维护水平。

4. 数字孪生城市的总体架构

数字孪生城市与物理城市相对应,要建成智慧城市,首先要把相关城市的数字孪生体构建出来,因为城市级的整体数字化是城市级智慧化的前提条件。以前没有"数字孪生"这个概念,是因为认识程度和技术条件都不成熟,如今通信技术高速发展,已经基本具备了构建数字孪生城市的能力。全域立体感知、数字化标识、万物可信互联、泛在普惠计算、智能定义一切、数据驱动决策等,构成了数字孪生城市强大的技术模型;大数据、区块链、人工智能、智能硬件、AR、VR 等新技术与新应用使技术模型不断完善,功能不断拓展增强,模拟、仿真、分析城市中发生的问题成为可能。虽然技术条件基本成熟,但实现方案相当复杂,这不仅是新技术融合创新的试验场,也是对人类智慧达到新高度的挑战。

数字孪生城市建设依托以"端、网、云"为主要构成的技术生态体系,其总体架构如下:端侧,形成城市全域感知,深度反映城市运行体征状态;网侧,形成泛在高速网络,提供毫秒级的双向数据传输,奠定智能交互基础;云侧,形成普惠智能计算,大范围、多尺度、长周期、智能化地实现城市的决策、操控。

(1)端侧 群智感知、可视可控。

1)城市感知终端"成群结队"地形成群智感知能力。感知设施将从单一的 RFID、传感器节点向具有更强的感知、通信、计算能力的智能硬件、智能杆柱、智能无人汽车等迅速发展。同时,个人持有的智能手机、智能终端将集成越来越多的精密传感元件,拥有日益强大的感知、计算、存储和通信能力,成为感知城市周边环境及居民的"强"节点,形成大范围、大规模、协同化普适计算的群智感知。

2)基于标志和感知体系全面提升传统基础设施的智能化水平。通过建立基于智能标志和监测的城市综合管廊,实现管廊规划协同化、建设运行可视化、过程数据全留存。通过建立智能路网实现路网、围栏、桥梁等设施的智能化监测、养护和双向操控管理。多功能信息杆柱等新型智能设施全域部署,实现智能照明、信息交互、无线服务、机动车充电、紧急呼叫、环境监测等智能化能力。

(2)网侧 泛在高速、天地一体。

1)提供泛在高速、多网协同的接入服务。全面推进 4G/5G/LAN/NB-ToT/eMTC 等多网协同部署,实现基于虚拟化、云化技术的立体无缝覆盖,提供无线感知、移动宽带和万物互联的接入服务,支撑新一代移动通信网络在垂直行业的融合应用。

2)形成"天地一体"的综合信息网络来支撑云端服务。综合利用新型信息网络技术,充分发挥"空、天、地"信息技术的各自优势,通过"空、天、地、海"等多维信息的有效获取、协同、传输和汇聚,以及资源的统筹处理、任务的分发、动作的组织和管理,实现时空复杂网络的一体化综合处理和最大限度地有效利用,为各类不同用户提供实时、可靠、按需服务的泛在、机动、高效、智能、协作的信息基础设施和决策支持系统。

(3) 云侧　随需调度、普惠便民。

1) 由边缘计算及量子计算设施提供高速信息处理能力。在城市的工厂、道路、交接箱等地，构建具备周边环境感应、随需分配和智能反馈回应的边缘计算节点。部署以原子、离子、超导电路和光量子等为基础的各类量子计算设施，为实现超大规模的数据检索、城市精准的天气预报、计算优化的交通指挥、人工智能科研探索等海量信息处理提供支撑。

2) 人工智能及区块链设施为智能合约执行。构建支持知识推理、概率统计、深度学习等人工智能统一计算平台和设施，以及知识计算、认知推理、运动执行、人机交互能力的智能支撑能力；建立定制化、个性化部署的区块链服务设施，支撑各类应用的身份验证、电子证据保全、供应链管理、产品追溯等商业智能合约的自动化执行。

3) 部署云计算及大数据设施。建立虚拟一体化的云计算服务平台和大数据分析中心，基于 SDN 技术实现跨地域服务器、网络、存储资源的调度能力，满足智慧政务办公和公共服务、综合治理、产业发展等各类业务存储和计算需求。

数字孪生城市的构建，将引发城市智能化管理和服务的颠覆性创新。与物理城市对应着一个数字孪生城市，物理城市所有的人、物、事件、建筑、道路、设施等，都在数字世界有虚拟映像，信息可见、轨迹可循、状态可查；虚实同步运转，情景交融；过去可追溯，未来可预期；当下知冷暖，见微知著，睹始知终；"全市一盘棋"尽在掌握，一切可管可控；管理扁平化，服务一站式，信息多跑路，群众少跑腿；虚拟服务现实，模拟仿真决策；精细化管理变容易，人性化服务不再难，城市智慧不再是空谈。

5.4.5　中国首条在役油气管道数字孪生体的构建与应用

随着中国油气骨干管网建设步伐加快，以及全球物联网、大数据、云计算、人工智能等新信息技术的迅速发展应用，中国石油提出"全数字化移交、全智能化运营、全生命周期管理"的智慧管道建设模式，选取了中缅管道作为在役管道数字化恢复的试点。中缅管道是油气并行的在役山地管道，涉及原油与天然气站场、阀室，其中原油管道是一个完整的水力系统。本试点对管道建设期设计、采办、施工及部分运维期数据进行恢复，结合三维激光扫描、倾斜摄影、数字三维建模等手段，构建中缅油气管道试点段的数字孪生体，为实现管网智慧化运营奠定数据基础。

在役油气管道数字孪生体的构建对象是管道线路和站场，其流程主要分为四个部分：数据收集、数据校验及对齐、实体及模型恢复、数据移交。线路和站场数字化恢复成果暂时提交至 PCM 系统（天然气与管道 ERP 工程建设管理子系统）和 PIS（管道完整性管理系统），待数据中心建成后正式移交（见图 5.18）。

以下对构建流程的前三个部分进行介绍。

1. 数据收集

为了使管道正常运行，需要确定数据恢复范围，主要包括管道周边环境数据、设计数据及建设期竣工数据。管道周边环境数据包括基础地理数据和管道周边地形数据，为管道本体建立承载环境。设计数据包括专项评价数据、初设高后果区识别数据及施工图设计数据。建设期竣工数据包括竣工测量数据、管道改线数据，并将施工数据、采办数据与管道本体挂接。

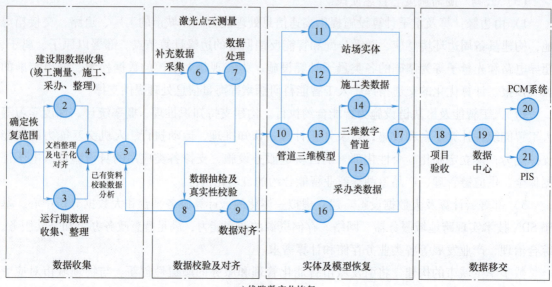

a) 线路数字化恢复

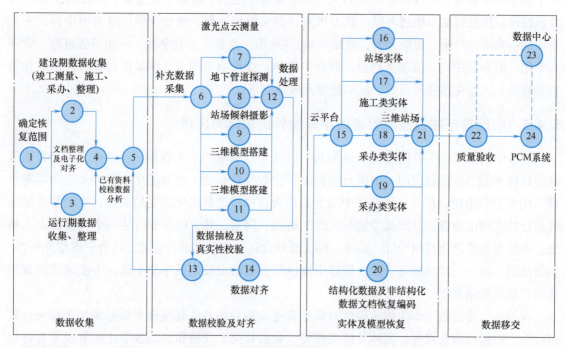

b) 站场数字化恢复

图 5.18 在役油气管道数字孪生体构建流程

已有资料主要采集竣工图数据、采办数据及施工数据。分析已有成果资料（竣工测量数据、中线数据、基础地理信息数据等）的完整性、准确性。通过抽样检查已有资料的范围、一致性、空间参考系及精度等，对其收集、校验，确定需要补充采集数据的范围和手段。根据已有数据的分析结果，对数据恢复指标量化（见图 5.19）。从基准点、管道中线探测、三桩一牌测量、航空摄影测量、基础地理信息采集、三维激光扫描、三维地形构建、站场倾斜摄影、站场管线探测、关键设备铭牌数据方面补充数据采集。

指标	要求
基础地理信息数据采集	中心线两侧各400m
卫星遥感影像图	两侧至少各2.5km，分辨率不低于0.5m或1m，精度应满足1∶10000的要求
航空摄影测量正射影像图	两侧各400m，分辨率大于0.2m
航空摄影测量数字高程模型	管道两侧各400m
大型跨越点高精度三维扫描	大型跨越重点关注目标物点间距不低于0.02m，一般区域关注点的点间距要求不低于0.05m，其他点间距不低于0.10m

图5.19 在役管道数字化恢复技术指标

2. 数据校验及对齐

数据校验及对齐是从数据到信息的关键步骤，是将管道附属设施和周边环境数据基于环焊缝信息或其他拥有唯一地理空间坐标的实体信息进行校验及对齐。对齐以精度较高的数据为基准，使管道建设期的管道本体属性与运营期内的检测结果及管道周边地物关联。数据校验及对齐主要从管道中心线、焊口、站内管道及附属设施、站内地下管道及线缆方面进行。

对于一般线路管道中心线，利用地下管道探测仪和.GPS设备获取管道中线的位置和埋深，通过复测、钎探、开挖等方式复核数据。对于河流开挖穿越段，利用固定电磁感应线圈在管道上方测量交流信号的分布，依据分布规律和衰减定位管道的位置和埋深。本试点对中缅瑞丽江进行水域埋深检测，用数字化设计软件对竣工测量成果生成油气管道纵断面图，并与探测结果进行对比，确定管道、弯管位置及管底高程。

中缅管道的内检测焊缝数据采用基于里程和管长的方法进行焊缝对齐，结合中缅内检测及施工记录的焊缝数据，以热煨弯管为分段点对齐，修复焊口缺失和记录误差问题。

站内管道及附属设施通过三维模型与现场激光点云模型对比进行数据校验及对齐。

对于电信井等明显点进行调查测量，查明类型、走向及埋深，对于隐蔽点利用地下管道探测仪探测其埋深及属性，采用实时动态定位或已采集管道点坐标信息标记，绘制带有管道点、管道走向、位置及连接关系的地形图。将三维模型平面图与探测图成果进行对比，校验管道位置、埋深偏差。

3. 实体及模型恢复

（1）线路 线路模型恢复是以竣工测量数据为基础，进行数据校验及对齐，形成管道本体模型所需的数据，然后进行建模。穿跨越工程主要分为开挖穿越、悬索跨越、山岭隧道穿越三种形式。对于开挖穿越，实体为管道本体与水工保护，采用与线路一致的方式恢复；对于悬索跨越，结构实体包括主塔、桥面、锚固墩、桥墩、管道支座等，对跨越整体进行三维激光点云扫描，获取跨越桥梁的完整模型；对于山岭隧道穿越，由于隧道主体结构与跨越桥梁结构复杂，因此要结合三维激光扫描点云数据构建模型。对山岭隧道、洞门，采用激光点云方式采集现场实景模型；对隧道洞身及相关构件，根据施工竣工资料采用Revit软件建模，并关联数据。

（2）站场 站场实体及模型恢复通过三维数据库、Revit族库、工艺和仪表流程图（Process & Instrument Diagram，P&ID）绘制、Revit绘制、三维模型绘制及三维总图模型绘制完成。

1)通过 P&ID 绘制,实现系统图的图面内容和报表结构化。通过 SPP&ID 软件进行智能 P&ID 设计,设计数据集成在系统中,并将 SPF(Smart Plan Foundation)软件作为数据管理平台,集成 SPI(Smart Plan Instrument)、SP3D(Smart Plant 3D)软件,建立共享工程数据库和文档库,最终完成三维数据库的搭建。

2)通过站场、阀室三维激光点云数据及空间实景照片进行数据校验,实现以竣工图和设计变更为数据库建立的依据,以激光点云测量数据为验证手段,建立站场阀室三维数据模型。通过 Revit 软件及竣工图等建立建筑三维模型。

3)根据测量地形数据生成三维地形模型,建立三维设计场地模型。根据构筑物详图中的构筑物断面信息,建立总图线状构筑物部件及模型和非线状构筑物模型。将三维地形模型、三维设计场地模型、总图线状构筑物模型导入三维设计平台,录入关键坐标点、标高、构筑物结构信息和站场周边重点地物信息等三维场景数据,搭建站场三维数据库。

第 6 章

5G技术与应用

6.1 概述

移动通信延续着每十年一代技术的发展规律,已历经 1G、2G、3G、4G 的发展。每一次代际跃迁,每一次技术进步,都极大地促进了产业升级和经济社会发展。从 1G 到 2G,实现了模拟通信到数字通信的过渡,移动通信走进了千家万户;从 2G 到 3G、4G,实现了语音业务到数据业务的转变,传输速率成百倍提升,促进了移动互联网应用的普及和繁荣。当前,移动网络已融入社会生活的方方面面,深刻改变了人们的沟通、交流乃至整个生活方式。4G 网络造就了繁荣的互联网经济,解决了人与人随时随地通信的问题,随着移动互联网快速发展,新服务、新业务不断涌现,移动数据业务流量爆炸式增长,4G 移动通信系统难以满足未来移动数据流量暴涨的需求,急需研发下一代移动通信(5G)系统。由此,5G 的到来可以说是人类发展的必由之路。

5G 作为移动通信领域的重大变革点,是当前"智能建造"的领衔领域,此前 5G 也已被我国誉为"经济发展的新动能"。不管是从未来承接的产业规模,还是对新兴产业所起的技术作用来看,5G 都是最值得期待的。在于智能建造结合方面,依托于 5G 技术高传输速率、低延迟的特点融合 BIM 和云计算、大数据、物联网、移动互联网、人工智能等信息技术引领,集成人员、流程、数据、技术和业务系统,实现项目施工全过程的监控与管理。

6.1.1 移动通信的发展历程

移动通信的发展经历了从 1G 到 5G 的变迁,具体发展历程如图 6.1 所示。

1. 第一代移动通信系统(1G)

第一代移动通信系统(1G)是在 20 世纪 80 年代初提出的,它完成于 20 世纪 90 年代初,由多个独立的开发系统组成,典型代表由欧洲部分地区的 NMT(Nordic Mobile Telephony,北欧移动电话)和美国的 AMPS(Advanced Mobile Phone System,高级移动电话系统),其中,NMT 于 1981 年投入运营。第一代移动通信系统是基于模拟传输的,其特点是业务量小、质量差、安全性差、没有加密和速度低。1G 主要基于蜂窝结构组网,直接使用模拟语音调制技术,传输速率约 2.4kbit/s,不同国家采用不同的工作系统。1G 的核心是模拟语言通话,基于 AMPS 技术,基本上就可以理解为两人之间的交流方式为单一的打电话模式,而且信号和传输质量还不是特别好，虽然简陋，但奠定了后续蜂窝通信的基础。但由于采用的是模拟技术，1G 系统的容量十分有限。此外，安全性和干扰也存在较大的问题。1G 系统的先天不足，使得它无法真正大规模普及和应用，价格更是非常昂贵，成为当时的一种奢侈品和财富的象征。与此同时，不同国家的各自为政也使得 1G 的技术标准各不相同，即只有"国家标准"而没有"国际标准"，国际漫游成为一个突出的问题。这些缺点都随着第二代移动通信系统的到来得到了很大的改善。

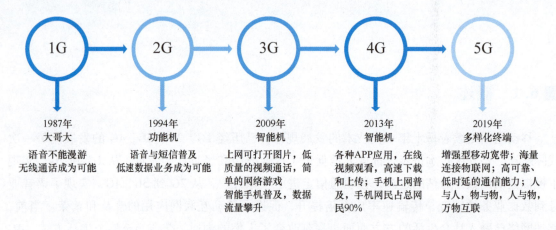

图 6.1 移动通信的发展历程

2. 第二代移动通信系统（2G）

2G 即第二代手机通信技术规格，以数字语音传输技术为核心，一般定义为无法直接传送如电子邮件、软件等信息，只具有通话和一些如时间日期等传送的手机通信的技术规格。不过手机短信在它的某些规格中能够被执行。第二代数字移动通信系统的发展开始于 20 世纪 90 年代，区别于第一代移动通信系统，它基于 TDMA（Time Division Multiple Acess，时分多址）技术，以传送语音和低速数据业务为目的，因此又被称为窄带数字通信系统，其典型代表是美国的 DAMPS（Digital AMPS，数字化高级移动电话系统）、IS-95 和欧洲的 GSM（Global System for Mobile Communicate，全球移动通信）系统。

由于第二代移动通信以传输语音和低速数据为目的，从 1996 年开始，为了解决中速数据传输问题，又出现了 2.5 代的移动通信系统。2.5G 移动通信技术是从 2G 迈向 3G 的衔接性技术，由于 3G 是个相当浩大的工程，所牵扯的层面多且复杂，要从 2G 迈向 3G 不可能一下就衔接得上，因此出现了介于 2G 和 3G 之间的 2.5G。HSCSD、WAP、EDGE、蓝牙（Bluetooth）、EPOC 等技术都是 2.5G 技术。这一阶段的移动通信提供的主要服务依然是针对语音及低速率数据业务，但由于网络的发展，数据和多媒体通信的发展势头很快，所以第三代移动通信技术很快出现。

3. 第三代移动通信系统（3G）

3G 是指使用支持高速数据传输的蜂窝移动通信技术的第三代移动通信技术的线路和设备铺设而成的通信网络。3G 网络将无线通信与国际互联网等多媒体通信手段相结合，是新一代移动通信系统。在第三代移动通信系统中，CDMA 是主流的多址接入技术。CDMA 通信系统使用扩频通信技术。扩频通信技术在军用通信中已有半个多世纪的历史，主要用于两个目的：对抗外来强干扰和保密。因此，CDMA 通信技术具有许多技术上的优点：抗多径衰减、软容量、软切换。其系统容量比 GSM 系统大，采用话音激活、分集接收和智能天线技术可以进一步提高系统容量。由于 CDMA 通信技术具有上述技术优势，因此第三代移动通信系统主要采用宽带 CDMA 技术。第三代移动通信系统的无线传输技术主要有三种：欧洲和日本提出的 WCDMA 技术、北美提出的基于 IS-95CDMA 系统的 CDMA2000 技术，以及我国提出的具有自己知识产权的 TD-SCDMA 系统，后来 WiMAX 也成为 3G 标准。IMT-2000 是自 20 世纪 90 年代初期数字通信系统出现以来，移动通信取得的最鼓舞人心的发展。第三代移动通信系统的重要技术包括地址码的选择、功率控制技术、软切换技术、RAKE 接收技术、高效的信道编译码技术、分集技术、QCELP 编码和话音激活技术、多速率自适应检测技术、多用户检测和干扰消除技术、软件无线电技术和智能天线技术。3G 利用了 CDMA 高频技术，将通信技术再次提升了一个档次，不仅可以千里传音传信，还可以千里传图，使用电磁波通信技术关键在于：提高电磁波的频率，频率越高，传输的速率就越高。从 2G 的中频到 3G 的高频再到 4G 的超高频，都是频率的提升造就了速度的提升。

4. 第四代移动通信系统（4G）

4G 即第四代移动电话行动通信标准，指的是第四代移动通信技术，4G 是集 3G 与 WLAN 于一体，并能够快速传输数据、高质量、音频、视频和图像等。4G 能够以 100Mbit/s 以上的速度下载，比家用宽带 ADSL（4M）快 25 倍，并能够满足几乎所有用户对于无线服务的要求。此外，4G 可以在 DSL 和有线电视调制解调器没有覆盖的地方部署，然后扩展到整个地区。很明显，4G 有着不可比拟的优越性，不仅是频率升为超高频，而且有速度上的提升，还开发了很多面向高速率的传输技术，如 MIMO 技术。MIMO 技术主要分为发射分集、空间复用和波束赋形。发射分集是将同一个信号通过多个独立的天线发射出去，在接收端能获得同一个信号的不同版本，再进行多个版本之间的综合处理就可以获得更好的解调效果。空间复用是将一个信号分成多个部分，分别通过不同的天线发射出去，利用空间信道的独立衰落特性，可保证这个信号不至于因为某一个信道的深度衰落而全军覆没，提高可靠性。波束赋形技术通过调整发射信号的空间能量分布，将信号的绝大部分能量对准目标用户，能够使信噪比大大提升，从而提高信道容量。MIMO 技术利用独立的空间资源，大大提高了系统容量。MIMO 传输与天线有关，频率越高，天线（手机上的物理组件）就越短，天线如果越短的话，手机中的物理存储空间就越大，就可以放更多的天线了，良性循环下去，手机中的天线越多，消息传递的质量会越好。然而，人们并没有满足于 4G 带来的成功，5G 技术的开发，将电磁波频率提升到了前所未有的高度。

6.1.2　5G 移动通信

回顾移动通信的发展历程，每一代移动通信系统都可以通过标志性能力指标和核心关键技术来定义，其中，1G 采用频分多址（FDMA），只能提供模拟语音业务；2G 主要采用时分多址（TDMA），可提供数字语音和低速数据业务；3G 以码分多址（CDMA）为技术特征，用户峰值速率达到 2Mbit/s 至数十 Mbit/s，可以支持多媒体数据业务；4G 以正交频分多址

(OFDMA) 技术为核心，用户峰值速率可达 100Mbit/s～1Gbit/s，能够支持各种移动宽带数据业务。

5G 是第 5 代移动通信技术的简称，综合 5G 关键能力与核心技术，5G 概念可由"标志性能力指标"和"一组关键技术"来共同定义。其中，标志性能力指标为"Gbit/s 用户体验速率"，一组关键技术包括大规模天线阵列、超密集组网、新型多址、全频谱接入和新型网络架构（图 6.2）。5G 作为一种新型移动通信网络，不仅要解决人与人通信，为用户提供增强现实、虚拟现实、超高清（3D）视频等更加身临其境的极致业务体验，更要解决人与物、物与物通信问题，满足移动医疗、车联网、智能家居、工业控制、环境监测等物联网应用需求。最终，5G 将渗透到经济社会的各行业各领域，成为支撑经济社会数字化、网络化、智能化转型的关键新型基础设施。

图 6.2　5G 概念

6.2　国内外发展现状

6.2.1　国内发展现状

国际电信联盟（ITU）于 2015 年 2 月开展了 5G 标准的研究工作。ITU 明确提出：2015 年中期完成 IMT-2020 国际标准前期研究，2016 年开展 5G 技术性能需求和评估方法研究，2017 年底启动 5G 候选方案征集工作，2020 年底完成 IMT-2020 国际标准制定工作。中国的移动通信在 3G 时代取得了突破性进展，建立了具有自主知识产权的标准 TD-SCDMA，中国提出的 4G 标准 TD-LTE 成为世界 4G 两大标准之一。为了迎接新一轮的技术、标准及市场竞争，中国开始全方位布局 5G 技术的研发工作。

我国与全球同步推进 5G 研发工作，大力支持 5G 技术发展：

1）我国率先成立了 5G 推进组，全面推进 5G 研发工作。2013 年 2 月，工业和信息化部、国家发展和改革委员会、科学技术部成立了"IMT-2020（5G）推进组"，提出我国要在 5G 标准制定中发挥引领作用的宏伟目标。

2）科学技术部投入 1.6 亿元，先期启动国家 5G 移动通信系统前期研究开发重点项目。

3）在 2020 年之前，系统研究 5G 领域关键技术，其中包括体系架构、无线组网与传输、新型天线与射频、新频谱开发与利用，完成性能评估和原型系统设计，进行技术试验和测试，实现支持业务总速率 10Gbit/s，频谱和功率效率比 4G 系统提升一倍。

同时，我国台湾地区在 2014 年 1 月召开了"5G 发展产业策略会议"，成立了专职部门推动 5G 长期发展，策略会议达成了三项共识：

1）建立学术界、法人和产业界有效的互动选题机制，消除产学鸿沟。

2）建立有效的智财专利策略，免受国际专利战干扰。

3）建立国际化的测验场域，验证新创产品的有效性，成立了规划小组，推出了《2020年 TW-5G 战略方案》。

截至目前，国内 5G 研究进展情况如下：

1）推进组已基本完成 5G 愿景和需求研究，并发布了白皮书。
2）初步完成了 5G 潜在关键技术的研究分析工作。
3）提出了 5G 概念和技术路线。
4）完成了 2020 年我国移动通信频谱需求预测和 6GHz 以下候选频段的研究工作。

迄今为止，中国 5G 推进组已经有 55 个成员，其中包括运营商、厂商、研究院及大专院校。中国 5G 推进组中有两家外国公司，为加强 5G 的国际合作、双边合作，2015 年 10 月双方在里斯本签订了 5G 国际合作谅解备忘录。2013 年以来，中国 IMT-2020（5G）推进组已经发布了四个白皮书，其中包括《5G 的愿景和需求》《5G 的概念》《5G 的无线技术架构》和 2016 年 6 月发布的《5G 的网络技术架构》。美国时间 2016 年 11 月 17 日，国际无线标准化机构 3GPP 的 RAN1（无线物理层）87 次会议在美国拉斯维加斯召开，就 5G 短码方案进行讨论。会议的三位主角是中国华为公司主推的 Polar Code（极化码）方案，美国高通公司主推的 LDPC 方案，法国主推的 Turbo2.0 方案。最终，华为公司的 Polar 方案从两大竞争对手中胜出。

在产业实践上，中国 5G 基础设施和用户数全面增长，遥遥领先于世界其他国家。根据 2024 年 7 月 5 日"推动高质量发展"系列主题发布会上的信息显示，我国已累计建成 5G 基站 383.7 万个，5G 用户普及率超过 60%，继续巩固全球领先的优势。

6.2.2 国外发展现状

全球 5G 应用整体处于初期阶段。根据中国信息通信研究院监测，截至 2019 年 9 月 30 日，全球 135 家运营商共进行或即将进行的应用试验达到 391 项。AR/VR、超高清视频传输（4K 或 8K）、固定无线接入是试验最多的三类应用。在行业应用中，车联网、物联网、工业互联网受到广泛关注。全球各运营商 5G 和 4G 网络的下载速率和差距对比，如图 6.3 所示，整体来看，全球 5G 应用整体处于初期阶段，主要应用场景是增强型移动宽带业务，行业融合应用仍在验证和示范中。

1. 5G 技术在美国的发展

毫米波领域率先实现规模商用。从产业实践上来看，美国尚未公布基站数和用户数等指标，但 5G 网络主要覆盖少数城市，5G 用户数约在数百万（美国媒体估算），其特色是全球范围内率先实现毫米波频率组网，其中 Verizon 已经商用，AT&T 计划实施，这与美国政府释放更多毫米波频段，用于 5G 网络相关。美国家庭宽带成为最受关注的 5G 应用之一。美国四大移动运营商全部商用 5G。在若干个重点城市推出服务，覆盖城市重合度高，相继推出 5G 固定无线接入的服务；在工业互联网方面，AT&T（美国电话电报公司）正在探索基于 4K 视频的安全监测、AR/VR 员工培训及定位服务；与此同时，美国也在尝试将 5G 与 VR/AR 用于医疗领域，帮助临终患者减少慢性疼痛和焦虑等。FCC（美国联邦通信委员会）通过采取一些举措促进 5G 技术向精准农业、远程医疗、智能交通等方面的创新步伐，如设立 204 亿美元的"乡村数字机遇基金"等。

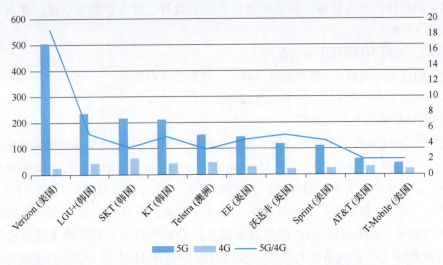

图 6.3　全球各运营商 5G 和 4G 网络的下载速率和差距对比

2. 5G 技术在日本的发展

日本计划从 5G 时代开始，构建移动通信领域长期的国家优势。为此，2018 年发布了"Beyond5G"战略，计划在 2023 财年达到 21 万基站的规模，并且总共投入 110MHz 的频段用于 5G 网络实施（其中 30MHz 来自重耕，80MHz 来自新增）；无人驾驶、无线输电等前瞻性技术上加大研发；2030 年前，在全球率先实现 6G 商用，并获得全球基础设施 30% 份额。目前，日本四家移动运营商均实现 5G 商用，截至 2020 年 10 月，基站总数在 3 万~4 万，用户总数在 500 万左右。

3. 5G 技术在韩国的发展

韩国 5G 商用后，韩国科学技术信息通信部发布《实现创新增长 5G+战略》，旨在将 5G 全面融入韩国社会经济，使韩国成为引领全球 5G 新产业、领先实现第四次工业革命的国家。

除此之外，韩国出台 5G 战略，引领 5G 用户发展。韩国"5G+"战略选定五项核心服务和十大"5G+"战略产业，其中五项核心服务是沉浸式内容、智慧工厂、无人驾驶汽车、智慧城市、数字健康。在商用进展方面，韩国运营商针对 VR、AR、游戏推出基于 5G 的内容和平台活动。截至 2019 年，韩国 5G 用户数超过 300 万，占据全球 5G 商用大部分市场份额。韩国用户发展速度快主要得益于运营商加速建网，手机高额补贴，内容应用丰富，提速不提价。但根据 2020 年 10 月份的统计，约有 56 万用户重返 4G，重要原因是 5G 网络实现四倍提升，但缺乏匹配的内容和应用，套餐价格比 4G 高，网络覆盖不完善，众多地方无法使用。韩国的前期运营经验，也给其他国家的运营商提供了借鉴。

4. 5G 技术在欧盟的发展

欧盟 5G 应用涵盖工业互联网及其他多种应用场景。欧盟于 2018 年 4 月成立工业互联与自动化 5G 联盟（5G-ACIA），旨在推动 5G 在工业生产领域的落地。欧盟 5G 应用试验涉及工业、农业、AR/VR、高清视频、智慧城市、港口等多个场景。

欧洲运营商众多，且都重视 5G 的发展，但截至 2020 年 10 月末，全欧洲范围 5G 基站总数仅在 5 万左右，这一方面与欧洲各国运营商相互竞争性不足有关，另一方面与 20 年前 3G

频谱天价拍卖，导致运营商元气大伤有密切关联。

在德国，截至 2020 年末，德国电信 5G 服务已覆盖全国 550 万人口，5G 基站达 4.5 万座，已在德国的 4700 个城镇部署了 5G 网络。到 2021 年年底，为德国 80%的人口提供 5G 服务；到 2025 年底，将覆盖至少 99%的德国人口和 90%的国土面积。

在法国，2020 年 9 月 29 日法国完成 5G 频谱拍卖，要求各运营商（共 4 家）在 2022 年底前完成部分城市的网络部署，确保覆盖率达到 75%。

在西班牙，2018 年 5 月，通过频谱拍卖，沃达丰、Orange 和西班牙电信获得经营资质。在 2019 年 6 月（沃达丰）、2020 年 9 月（Orange 和西班牙电信）分别开展商用。以西班牙电信为例，截至 2020 年末，5G 服务覆盖人口已达 76%，并且计划在 2025 年底前，完成 3G 网络关闭及频率重用工作，覆盖率达到 85%。

6.3　5G 技术概况

6.3.1　5G 关键技术

5G 技术创新主要来源于无线技术和网络技术两方面。在无线技术领域，大规模天线阵列、超密集组网、新型多址和全频谱接入等技术已成为业界关注的焦点；在网络技术领域，基于软件定义网络（SDN）和网络功能虚拟化（NFV）的新型网络架构已取得广泛共识。此外，基于滤波的正交频分复用（F-OFDM）、滤波器组多载波（FBMC）、全双工、灵活双工、终端直通（D2D）、多元低密度奇偶检验（Q-ary LDPC）码、网络编码、极化码等也被认为是 5G 重要的潜在无线关键技术。5G 关键技术核心如图 6.4 所示。

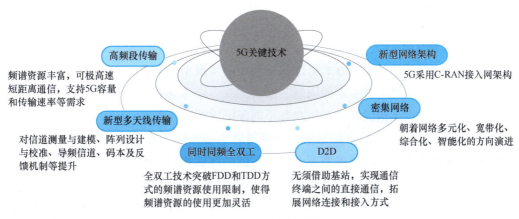

图 6.4　5G 关键技术核心

1. 高频段传输

移动通信传统工作频段主要集中在 3GHz 以下，这使得频谱资源十分拥挤，而在高频段（如毫米波、厘米波频段）可用频谱资源丰富，能够有效地缓解频谱资源紧张的现状，可以实现极高速短距离通信，支持 5G 容量和传输速率等方面的需求。

高频段在移动通信中的应用是未来的发展趋势，业界对此高度关注。足够量的可用带宽、小型化的天线和设备、较高的天线增益是高频段毫米波移动通信的主要优点，但也存在传输距离短、穿透和绕射能力差、容易受气候环境影响等缺点。射频器件、系统设计等方面的问题也有待进一步研究和解决。监测中心目前正在积极开展高频段需求研究及潜在候选频段的遴选工作。高频段资源虽然目前较为丰富，但是仍需进行科学规划，统筹兼顾，从而使宝贵的频谱资源得到最优配置。

2. 新型多天线传输

多天线技术经历了从无源到有源，从二维（2D）到三维（3D），从高阶 MIMO 到大规模阵列的发展，将有望实现频谱效率提升数十倍甚至更高，是目前 5G 技术的重要研究方向之一。由于引入了有源天线阵列，基站侧可支持的协作天线数量将达到 128 根。此外，原来的 2D 天线阵列拓展成为 3D 天线阵列，形成新颖的 3D-MIMO 技术，支持多用户波束智能赋型，减少用户间干扰，结合高频段毫米波技术，将进一步改善无线信号覆盖性能。目前研究人员正在针对大规模天线信道测量与建模、阵列设计与校准、导频信道、码本及反馈机制等问题进行研究，未来将支持更多的用户空分多址（SDMA），显著降低发射功率，实现绿色节能，提升覆盖能力。

3. 同时同频全双工

最近几年，同时同频全双工技术吸引了业界的注意力，利用该技术，在相同的频谱上，通信的收发双方同时发射和接收信号，与传统的测试驱动开发（Test-Driven Development，TDD）和频分双工（Frequency Division Duplexing，FDD）方式相比，从理论上可使空口频谱效率提高 1 倍。全双工技术能够突破 FDD 和 TDD 方式的频谱资源使用限制，使得频谱资源的使用更加灵活。然而，全双工技术需要具备极高的干扰消除能力，这对干扰消除技术提出了极大的挑战，同时还存在相邻小区同频干扰问题。在多天线及组网场景下，全双工技术的应用难度更大。

4. D2D（通信技术）

传统的蜂窝通信系统的组网方式是以基站为中心实现小区覆盖，而基站及中继站无法移动，其网络结构在灵活度上有一定的限制。随着无线多媒体业务不断增多，传统的以基站为中心的业务提供方式已无法满足海量用户在不同环境下的业务需求。D2D 无须借助基站的帮助就能够实现通信终端之间的直接通信，拓展网络连接和接入方式。由于短距离直接通信，信道质量高，D2D 能够实现较高的数据速率、较低的时延和较低的功耗。通过广泛分布的终端，能够改善覆盖，实现频谱资源的高效利用，支持更灵活的网络架构和连接方法，提升链路灵活性和网络可靠性。目前，D2D 采用广播、组播和单播技术方案，未来将发展其增强技术，包括基于 D2D 的中继技术、多天线技术和联合编码技术等。

5. 密集网络

在未来的 5G 通信中，无线通信网络正朝着网络多元化、宽带化、综合化、智能化的方向演进。随着各种智能终端的普及，数据流量将出现井喷式增长。未来数据业务将主要分布在室内和热点地区，这使得超密集网络成为实现未来 5G 的 1000 倍流量需求的主要手段之一。超密集网络能够改善网络覆盖，大幅度提升系统容量，并且对业务进行分流，具有更灵活的网络部署和更高效的频率复用。未来，面向高频段大带宽，将采用更加密集的网络方案，部署小区/扇区将高达 100 个以上。与此同时，愈发密集的网络部署也使得网络拓扑更加复杂，小区间干扰已经成为制约系统容量增长的主要因素，极大地降低了网络能效。干扰消除、小区快速发现、密集小区间协作、基于终端能力提升的移动性增强方案等，都是目前密集网络方面的研究热点。

6. 新型网络架构

目前，LTE 接入网采用网络扁平化架构，减小了系统时延，降低了建网成本和维护成本。未来 5G 可能采用 C-RAN（Cloud-Radio Access Network）接入网架构。C-RAN 是基于集中化处理、协作式无线电和实时云计算构架的绿色无线接入网架构。C-RAN 的基本思想是通过充分利用低成本高速光传输网络，直接在远端天线和集中化的中心节点间传送无线信号，以构建覆盖上百个基站服务区域，甚至上百平方千米的无线接入系统。C-RAN 架构适于采用协同技术，能够减小干扰，降低功耗，提升频谱效率，同时便于实现动态使用的智能化组网，集中处理有利于降低成本，便于维护，减少运营支出。目前的研究内容包括 C-RAN 的架构和功能，如集中控制、基带池 RRU 接口定义、基于 C-RAN 的更紧密协作（如基站簇、虚拟小区）等。

6.3.2　5G 移动通信特点

（1）高速率　与 4G 相比，5G 具有更高的速率。网络速度提升，提高了用户体验感受，一些对网速要求很高的业务（如网络直播、VR/AR、超高清等）将不再受网络速率的限制，能够被广泛推广和使用。

（2）低功耗　如今大规模物联网已发展到一定程度，对低功耗的要求越来越高。例如，需要每日充电的智能手表等可穿戴产品，每天充电会降低使用者的用户体验，低功耗的通信过程，利于用户更加接受物联网产品。

（3）低时延　5G 空中接口时延水平在 1ms 左右，完全满足无人驾驶、工业自动化等领域的实时应用，拓宽了新领域的应用和开发。

（4）万物互联　如今智能电子产品终端数量巨大，个人终端已是一个或多个，5G 时代的到来，使每个家庭都会拥有数个终端。

（5）重构安全　随着人工智能、云计算和物联网等新兴技术的不断发展，5G 网络涉及金融、医疗、交通等各个应用场景，网络安全边界被打破，若没有 5G 安全就不会有 5G 云网。重构安全工作是保证 5G 时代智能互联网正常使用的第一要素，也是防范风险和抵御恶意攻击的关键所在。

6.3.3　5G 技术的应用场景

面向未来，移动互联网和物联网业务将成为移动通信发展的主要驱动力。5G 将满足人们在居住、工作、休闲和交通等各区域的多样化业务需求，即便在密集住宅区、办公室、体育场、露天集会、地铁、快速路、高铁和广域覆盖等具有超高流量密度、超高连接数密度、超高移动性特征的场景，也可以为用户提供超高清视频、虚拟现实、增强现实、云桌面、在线游戏等极致业务体验。与此同时，5G 还将渗透到物联网及各种行业领域，与工业设施、医疗仪器、交通工具等深度融合，有效满足工业、医疗、交通等垂直行业的多样化业务需求，实现真正的"万物互联"。5G 将解决多样化应用场景下差异化性能指标带来的挑战，不同应用场景面临的性能挑战有所不同，用户体验速率、流量密度、时延、能效和连接数都可能成为不同场景的挑战性指标。从移动互联网和物联网主要应用场景、业务需求及挑战出发，可归纳出连续广域覆盖、热点高容量、低功耗大连接和低时延高可靠四个 5G 主要技术场景。连续广域覆盖和热点高容量场景移动互联网业务需求，也是传统的 4G 主要技术场景。连续广域覆盖场景是移动通信最基本的覆盖方式，以保证用户的移动性和业务连续性为目标，为用户提供无缝的高速业务体验。该场景的主要挑战在于随时随地（包括小区边缘、高速移动等恶劣环境）为用户提供 100Mbit/s 以上的用户体验速率。热点高容量场景主要面向局部热点区域，为用户提供极高的数据传输速率，满足网络极高的流量密度需求。1Gbit/s 用户体验速率、数十 Gbit/s 峰值速率和数十 Tbit/（s·km^2）的流量密度需求是该场景面临的主要挑战。

低功耗大连接和低时延高可靠场景主要面向物联网业务，是 5G 新拓展的场景，重点解决传统移动通信无法很好支持物联网及垂直行业应用。低功耗大连接场景主要面向智慧城市、环境监测、智能农业、森林防火等以传感和数据采集为目标的应用场景，具有小数据包、低功耗、海量连接等特点。这类终端分布范围广、数量众多，不仅要求网络具备超千亿连接的支持能力，满足 100 万/km^2 连接数密度指标要求，而且要保证终端的超低功耗和超低成本。低时延高可靠场景主要面向车联网、工业控制等垂直行业的特殊应用需求，这类应用对时延和可靠性具有极高的指标要求，需要为用户提供毫秒级的端到端时延和接近 100% 的业务可靠性保证。

■ 6.4　5G 技术在智能建造中的应用

智能建筑是智慧城市的重要组成部分，是实现智慧城市良好发展的核心基础。顺应科技进步，可持续发展的需求，大力发展智能建筑是大势所趋。随着 5G 商用牌照的发放，标志着我国进入 5G 商用元年。随着二者的同步发展，有人提出将二者结合，将 5G 技术应用在智能建造中。5G 与智能建造的结合，将会使智能建造的发展变得越来越精彩。建筑业是我国的支柱产业之一，"十四五"规划明确指出，智能建造将是我国建筑业整体转型升级的关键，智能建造是传统工业与新技术相结合的产物。它是将最新的计算机和通信技术及控制技术应用到建筑中，使建筑为人们提供更加舒适、方便、节能、高效的工作和生活环境。中国学者将智能建造定义为：利用系统集成，将计算机、信息通信技术与建筑物相结合，自动监控设备，优化管理信息资源，获得合理的投资回报，建设节能、环保、舒适、高效的建筑物。建筑工程行业的作业环境复杂、施工管理难度高，传统项目管理办法弊端较多；随着 5G 的快速发展，近年来，许多学者对 5G 应用于整个建筑行业进行了探索，5G 技术的应用能推动建筑施工过程的智能化、精益化。

6.4.1　5G 技术在建筑施工现场的应用

5G 技术在建筑施工现场的应用如图 6.5 所示。

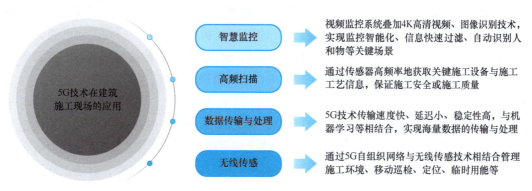

图 6.5　5G 技术在建筑施工现场的应用

1. 智慧监控

建筑工程施工现场的环境恶劣、安全风险因素众多，传统视频监控系统难以覆盖全场，而且依赖人工查看，监控效率低，只适合事后查证而不适合事中监管。在 5G 网络支撑的情况下，视频监控系统叠加 4K 高清视频、图像识别技术以后可以实现监控智能化、信息快速过滤、自动识别人和物等关键场景，在触发阈值时自动报警，实现事前预防、事中监管，在事后追溯取证时也能大大提升效率。因此，建筑工程施工现场的重大危险源、关键施工作业区域都可以设置智慧监控系统，降低管理成本，提高监管效率。就目前看来，5G+监控设备在施工中的应用探究是较多的。主要是因为在施工过程中无法做到一对一的监控管理，很多潜在的危险就不会出现在视野之中。因此通过多个方位安装摄像头，会更有效地避免视野盲区的出现。同时 5G 边缘化计算可以使得视频监控更加高清。相较 4G 无线监控，基于 5G 移动边缘化计算可以解决网络部署复杂的问题。5G+MEC 同其他技术一起，对施工安全隐患排查和整改的全流程进行闭环管理，能有效防止安全事故的发生。同时也验证了 5G 网络、边缘云的运算和存储能力与智慧工地场景的适配性，最后取得了较好的效果。在智慧工地的发展中，5G+监控设施将在施工阶段发挥重要的作用，助力于施工管理的智能化与标准化。

2. 高频扫描

高频扫描是通过传感器高频率地获取关键施工设备与施工工艺信息，避免遗漏重要数据而影响施工安全或施工质量。在建筑工程中，工程机械设备对于施工安全、进度、质量均有突出影响，因此对挖掘机、塔式起重机、升降梯、卸料台等可以安装传感器，通过 5G 网络连接，控制中心高频扫描设备数据，及时发现异常情况并发出警报。例如，在塔式起重机上可以安装风速、幅度、高度、角度、倾角、重量传感器，利用 5G 网络高频扫描监测塔式起重机的运行数据，在出现风险因素时预警。在模板支护工程中，也可以应用压力和位移传感器，每隔数秒抓取数据，能迅速发现安全隐患。有研究表明，仅结合 5G 技术与高频扫描应用，即可降低 80%的施工安全事故发生率。

3. 数据传输与处理

建筑工程的进度、成本、质量、安全等管理会产生大量的信息，需要海量的数据传输与处理及信息协同工作，施工工地过去采用宽带或无线 WiFi 两种。宽带能支持高清视频等数据传输，但是布线困难，而且容易发生作业过程破坏现象；无线 WiFi 布置方便，但是传输速度低且不稳定。5G 技术可以达到 10Gbit/s 的峰值传输速度，延迟小于 10ms，稳定性高，与机器学习等相结合，可以为工地的海量数据提供传输与处理功能。例如，一些工地已经尝试采用"5G+无人机+VR"，利用无人机 360°拍摄高清视频，通过 5G 网络传输到服务器，项目管理部及监理可以通过计算机、VR 眼镜对施工过程进行监督管理。

4. 无线传感

传统的传感器需要通过有线进行信息传输，而无线传感器可以通过自组织方式构建无线网络，从而使得传感器之间及传感器与信息系统之间可以交互及调控，5G 技术特别适合自组织网络。因此，施工现场可以通过 5G 自组织网络与无线传感技术相结合，对施工环境、移动巡检、定位、临时用能等方面进行管理。

6.4.2　5G 技术在建筑工程检测中的应用

建筑工程检测工作的目的在于发现存在的质量、安全等隐患，通过获取精确的检测信息，实现对建筑工程项目的保驾护航。在进行建筑工程检测时，检测内容涉及材料检测、主体结构检测及节能环保检测等。我国对建筑工程检测工作较为重视，但是就目前而言，在具体执行方面还存在以下问题。一是检测样品和检测数据存在人为干预问题。要想进行建筑工程检测，需要进行检测取样，而这一过程存在一定的人为干预性。当前，在见证取样进行送检时，客户可以到检测机构自取。检测样品需要经历施工现场、运输环节、待检测环节及留样等环节，上述任何一个环节都有人为干预的可能性，而且整个过程监管难度较大，若出现问题，难以有效溯源，且可能出现验收检测报告是非原报告现象。二是检测报告问题。在部分工程项目中，对工程检测工作重视程度不足，甚至出现不做实验、出具假报告的现象。此外，由于检测技术较为落后，导致检测报告时效性得不到保证。

较之传统的移动通信技术，5G 技术的优势较为明显。2020 年 3 月 4 日，中共中央政治局常委召开会议，在加大公共卫生服务、应急物资保障的基础上，推动 5G 网络、数据中心等新型基础设施建设进程。4 月 1 日，习近平总书记在浙江考察时，特别指出要紧抓产业数字化、数字化产业赋予的机遇，进一步加快 5G 网络等新型基础设施建设。2021 年 9 月，国务院常务会议审议通过"十四五"新型基础设施建设规划，提出加强信息基础设施建设，围绕 5G、工业互联网、数据中心等铺开"十四五"施工方案。国家一系列重大决策与部署，正体现对 5G 发展的高度重视，将 5G 技术应用于现代建筑工程施工检测中，是基于 5G 推动基础设施建设的应然之举，是新时代打造"智慧工地"的必然之径。将 5G 应用于建筑工程检测中主要具有如下优势：

（1）穿透性突出　建筑工程施工现场环境复杂，需要大量材料与大型机械设备，尤其是一些建筑工程可能处于偏远地区或地质环境复杂的区域，现场气象复杂。而 2G、3G、4G 的穿透力相对较弱，障碍物会在很大程度上影响其传输速度，特别是在条件严峻、情况复杂的施工场地，传统的通信技术无法满足快速的数据传输要求，使得现场数据传输较慢，检测效果有限。5G 技术强穿透性，应对施工现场复杂的环境，信息即时传输，提高检测质效。

（2）速率高　5G 网络上行、下行峰值速率分别为 10Gbit/s、20Gbit/s，是 4G 通信技术的 20 倍，短时间内接收施工现场信息。

(3) 时延低　5G 的时延速度是毫秒级，5G 的时延是 4G 的十分之一。因此，利用 5G 进行检测，可有效增强数据传输稳定性，且误码率小于十万分之一，时延低，但可靠性极高，第一时间传出检测结果，且可以对现场质量、安全隐患进行排查，远程处理现场突发情况。

(4) 兼容性强　传统通信网络，难以实现各种通信技术的有效兼容，在施工现场往往需要布设手机网络、无线网络、无线电通信等，但是 5G 技术可将 2G、3G、4G 通信协议和 NFC、WiFi 等通信技术进行有机融合，兼容性较高，可有效节省工程检测时间，提高工程检测效率，降低后期维护、开发成本。

(5) 设备便于安装　尽管 5G 设备容量极大，高于 4G 设备的 20 倍，但其体积较小，重量较轻，便于安装作业，因此，即使是在施工条件不佳、施工场地环境复杂的地区，也可以进行便携式安装，便于进行工程检测。

6.4.3　5G 在建筑设备中的应用实例

沃尔沃建筑设备公司已与电话公司 Telia 和通信网络巨头爱立信合作，在位于瑞典埃斯基尔斯图纳的沃尔沃建筑设备公司的工厂推出瑞典首个工业 5G 网络。此次发布意味着沃尔沃建筑设备公司将成为"首批使用 5G 技术测试远程控制机器和自动化解决方案的公司之一"。该项目将进一步研究传统轮式装载机的远程控制，并继续开发 HX2 概念装载机（图 6.6）。沃尔沃建筑设备公司表示，它将使用 5G 进一步了解联网机器如何能为客户增加价值。相比 4G 无线技术，5G 网络速度更快，延迟时间更短，可访问性更高，能够同时处理更多的连接设备。5G 可以使处理大量数据并保证连接的需求变为可能。通过最大限度地降低与采矿等行业相关的潜在安全风险和停机时间，可以更接近零排放、零事故和零计划外停机的目标，而 5G 将逐步缩短到该目标的距离。

近年来，施工现场塔式起重机事故频频发生，不仅造成人员伤亡，也带来巨大的经济损失。由中建三局工程技术研究院自主研发的 5G 室内远程塔式起重机控制系统，改变了建筑施工现场传统的单台塔式起重机就地操作方式，实现了在地面室内环境对塔式起重机进行远程集中操控。利用 5G 通信实现塔式起重机侧（图 6.7）和地面控制中心之间的信息交互，通过集成多视频、多传感器的现场信息采集系统，使塔式起重机操作人员和控制系统能全方位地感知现场塔式起重机的工况。通过四块显示屏，将塔式起重机现场的传感器数据、视频信息等通过各种形式展示给操作人员，带来沉浸式的操作体验。主界面上集成了全景视频、各个角度的吊钩视频及传感器的状态信息；同时吊重、执行机构的实际位置等信息通过百分比、颜色报警等形式进行显示，更加直观。辅助界面上显示了塔式起重机的虚拟模型和塔式起重机的状态诊断信息。塔式起重机的虚拟模型以 3D 的形式实时展示塔式起重机的工作状态；状态诊断信息则包含了塔式起重机的供电状态、风机、制动器等的工作状态及故障报警信息，方便操作人员和维护人员及时了解相关信息从而尽快排查故障。同时使用的塔式起重机 720°安全监管系统，则借助智能数据分析系统和 5G 高清可视化影像传输设备，通过在塔式起重机、吊臂和小车上安装嵌入式智能科技影像系统，利用高清摄像头捕捉吊装区动态信息，达到吊钩可视化，可观察到吊钩下情况，且可对塔式起重机状态实时监控，避免出现视觉盲区，使塔式起重机运行更安全。

图 6.6 HX2 概念装载机

图 6.7 5G 通信塔式起重机与地面控制中心

2020 年，武汉雷神山、火神山医院的建成离不开万千劳动人民和政府的资源调配，也离不开现代建筑的一体式工业化装配技术和高效的施工管理。5G 时代，让万千网民成为云监工，同时也酝酿出新的施工管理模式，不仅有现场施工管理，也有云端管理，包含建筑施工技术交底、建筑施工难点管控和施工安全预防。5G 与 BIM 技术、云端数据技术结合，更有效地模拟施工现场，包含现场施工的一系列环境、气候、土质、水文、施工团队技术、材料信息、设备信息等，能够精确地指出问题所在，解决了装配式建筑构件的大量性和特殊性，以及装配工人需要在规定的工期内准确无误地装配所有预制构件的技术难题。

5G 技术作为数字经济的新引擎，能够融合各类新兴技术，将每一栋建筑物都打造成超级大脑，使其能够自我学习与成长，加速城市建设，引领城市走进新的文明阶段，而且不只是建筑行业，随着 5G 技术的深入发展，5G 将会渗透到各行各业。

工程应用篇

第 7 章

智能建造工程装备

■ 7.1 智能建造工程装备概述

智能建造工程装备是指可以自动或半自动执行建筑工作的机械装备,它们可以通过运行预先编制的程序,或者利用人工智能技术制定的规则进行运动,主要应用于辅助和替代"危、繁、脏、重"施工作业。

我国的智能建造工程装备正式投入研发大概在 2006 年,起初主要集中在高层建筑外墙清洗和建筑施工自动化安装方面的开发,后面陆续向多方向、多角度开发应用于生产、施工、维保等相关领域智能装备。其中,建筑机器人是智能建造工程装备的主要发展形势。近年来,从国家部委到地方政府纷纷推出了一系列支持建筑工程装备行业发展的政策、规划,着力加强新型传感、智能控制和优化、多机协同、人机协作等建筑机器人核心技术研究,研究编制关键技术标准,形成一批建筑机器人标志性产品,积极推进建筑机器人在建筑全生命周期各环节的典型应用,重点推进与装配式建筑相配套的智能建造工程装备应用。

1. 大力发展智能建造工程装备的主要原因

(1) 推动建筑业向数字设计、智能施工转型　随着经济社会的发展,传统建造方式已经不能满足高质量发展的需求,因此需要大力推进智能建造工程装备的开发,通过智能建造工程装备与智能建造技术的配合,利用数字化、智能化的手段提升建筑效率和质量。

(2) 培育新产业新业态新模式　智能建造工程装备是一种新兴的技术应用,其发展将催生出一批新的产业、业态和模式,如智能建造系统解决方案、工程总承包企业等。

(3) 打造智能建造产业集群　通过试点城市的建设,可以形成完整的产业链,并吸引更多的企业参与到这个领域,从而形成产业集群效应。

(4) 推进建筑行业数字化转型升级　"十四五"规划纲要明确提出发展智能建造,这就要求建筑业必须进行数字化转型升级,而智能建造工程装备正是这个转型过程中的重要一环。

(5) 提高城市品质　发展智能建造是推进新型城市建设、全面提升城市品质的重要内容,而智能建造工程装备则是实现这一目标的关键技术之一。

2. 智能建造工程装备的主要应用领域

(1) 施工场地的处理　建筑施工场地处理主要包括测量放线、基坑挖掘、岩石开凿、管道排水、基坑支撑面喷涂和场地平整等，对应工序都开发有相应的智能建造工程装备进行施工。

（2）建筑主体工程施工　建筑主体工程施工主要包括混凝土的搅拌浇筑、钢筋的配置、墙体的砌筑等，主体工程工作量大，施工复杂，是建筑工程施工过程中耗时最长、用量最多的程序，智能建造工程装备的使用能提高施工效益，缩短工期，降低工程造价。

（3）建筑装饰装修　建筑装饰装修工程包括地面平整、抹灰、门窗安装、饰面安装等，建筑装饰装修工程对于作业精度要求非常高。以抹灰为例，其平整度不得超过3%，人工作业要达到相应要求常常需要反复检查和返工，而使用抹灰机器人施工的平整度能达到1%，基本一次完成，避免了返工，从而提高工效。

（4）建筑检查、清洁、维修、养护　高层建筑检查、清洁、维修、养护工作量较大，传统的工作方式存在高空坠落的安全隐患，且人工效率低下，另外通过人工检查很难发现问题，通过智能建造工程装备能安全、高效地完成建筑玻璃幕墙清洁工作。

随着现代建造技术和数据驱动技术的结合，建筑行业正在经历转型，同时，智能建造工程装备在迅速发展，为建筑施工领域带来更高的安全性和效率。

3. 智能建造工程装备的主要应用价值

（1）安全保障　智能建造工程装备可以通过实时监测、预警系统等技术手段，及时发现潜在的安全隐患，预防事故的发生。例如，智能防坠落系统能够通过传感器和算法实时监控高空作业人员的位置和速度，一旦检测到可能的坠落风险，就会立即发出警报。

（2）数据分析与优化　智能建造工程装备能够收集大量施工数据，通过数据分析找出施工中的安全问题，为优化施工工艺、提高施工安全提供科学依据，可以帮助改进工程设计，减少施工过程中的错误和损失。

（3）减少危险区域作业风险　在危险区域，智能建造工程装备可以替代人工进行作业，减少人员伤亡，提高施工安全。例如，智能搬运机器人、智能挖掘机器人、智能安装机器人等，可以代替传统施工方式中的人工挖掘、搬运等任务，降低了工人受伤的风险，为工人提供了更良好的工作环境。

（4）提高效率　智能建造工程装备能够自动化执行许多常规任务，从而显著提高了工作效率。例如，使用智能装配机器人进行装配，可以减少人力成本，并缩短项目完成时间。

（5）环保节能　智能建造工程装备可以根据实际情况调整运行模式，降低能耗，减少对环境的污染，符合可持续发展的理念。

■ 7.2　典型智能建造工程装备的应用

建筑机器人按照建造阶段可以分为设计、施工、运维、拆除四个阶段的建筑机器人，施工阶段的建筑机器人又可以根据具体施工场景和施工工艺分为诸多细分领域，包括实测实量、钢材预制捆扎、基坑施工、墙体筑造、墙体喷涂、打磨、地砖墙砖铺设、地面平整、辅助搬运、进度监测等。图7.1所示为各建造阶段中的典型智能建造工程装备或其应用成果。

a) 现场画线机器人FieldPrinter

b) 智能挖掘机器人

c) 预制构件自动生产线

d) 南京欢乐谷东大门

e) 爬墙机器人HB1

f) 机械手拆楼机器人

图 7.1　典型智能建造工程装备及应用成果

（1）应用在设计建造阶段的实测实量机器人　美国 Dusty 机器人公司（Dusty Robotics）的现场画线机器人 FieldPrinter，如图 7.1a 所示，可以通过硬件、软件和服务的结合，将数字平面图在施工现场全尺寸打印出来，实现了流程的自动化。这种端到端的解决方案确保所有行业都根据同一套计划进行施工，消除了错误，加快了冲突的解决，并大大降低了施工的成本和时间。

（2）应用在施工阶段的基坑建设机器人　美国 Buit 机器人科技公司（Buit Robotics）利用自动化机器人及配套的软件和传感器把现有的挖掘机改装成智能挖掘机器人，如图 7.1b 所示，解决了基坑建设场景中人工作业难以精准尺度挖坑的难点，并累计完成了超过 1.5 万小时施工作业。

（3）应用在预制构件生产阶段的预制构件自动生产线　中国铁建所属中铁十二局一公司深（圳）汕（尾）西高速公路项目部在 2020 年启用了国内首条全自动化小型构件产线，如图 7.1c 所示，该预制中心智能化生产线主要包含模板清渣、脱模喷涂、自动布料、码垛蒸养、翻转脱模、自动码垛、二次养护七大功能，各工序采用流水线作业，通过实时可靠通信和中央控制系统监控技术，可以实现工序转换的智能联通。

（4）应用在施工建造阶段的 3D 打印建造机器人　南京欢乐谷东大门是全球最大的改性塑

料 3D 打印建造体,如图 7.1d 所示,由创盟国际设计团队与 3D 打印建筑机器人及相关智能建造工程装备协作建造而成,全面颠覆了传统意义上的设计到建造的流程,高效、精准地完成了超尺度、高维几何建造体的改性塑料 3D 打印实施工作。

(5) 应用在运维阶段的检修维护智能设备　来自英国伯明翰 HausBots 公司的爬墙机器人 HB1,如图 7.1e 所示,HB1 不仅可以爬上垂直的高空作业表面,用于墙体的检查和维护的工作任务,还可以对高层建筑和市政基础设施进行检查和测量,甚至可以清除高空墙体的涂鸦及为墙体涂喷油漆灯。

(6) 应用于拆除阶段的拆除回收智能装备　作为国内首例高层建筑结构置换与地下空间增层扩容同步实施案例,上海南京西路锦沧文华大酒店升级改造为"高端办公+高端精致购物中心"的复合型商业体的施工中,便使用到了智能化拆除回收机器人,该智能工程装备是由上海建工四建集团自主研发的履带式多功能机械手拆楼机器人,如图 7.1f 所示。

第 8 章

智能建造设计

■ 8.1 智能建造设计概述

智能设计是指应用现代信息技术,采用计算机模拟人类的思维活动,提高计算机的智能水平,从而使计算机能够更多、更好地承担设计过程中各种复杂任务,成为设计人员的重要辅助工具。智能设计是人工智能和设计的交叉领域,覆盖的领域非常广泛,如数据挖掘、知识图谱、建筑设计、平面设计、时尚设计、交互设计、工业设计、智能产品设计等。

建造设计(Architectural Design)是指建筑物在建造之前,设计者按照建设任务,把施工过程和使用过程中所存在的或可能发生的问题做好通盘的设想,拟定好解决这些问题的办法、方案,用图纸和文件表达出来,作为备料、施工组织工作和各工种在制作、建造工作中互相配合协作的共同依据,以便整个工程在预定的投资限额范围内按照周密考虑的预定方案,统一步调,顺利进行,并使建成的建筑物充分满足使用者和社会所期望的各种要求及用途。

随着计算机科学的飞速发展,在建筑学领域,随着建筑数据的数字化,基于二维手绘图纸的设计方法逐渐演变为三维数字建模。随后在 20 世纪 90 年代出现的算法生成式设计打开数字建筑的大门。综合智能设计与建筑设计的概念,在智能建造领域内,建筑智能设计可以总结为通过应用现代信息技术、数字化技术和统计分析技术等来模拟人类的思维活动,不断提高计算机的智能化水平,从而使其能够更快、更多、更好地承担建筑设计过程中各种复杂任务,成为建筑设计人员的重要辅助工具。智能设计有以下五个特点:

1)以设计方法学为指导。智能设计的发展,从根本上取决于对设计本质的理解。设计方法学对设计本质、过程设计思维特征及其方法学的深入研究是智能设计模拟人工设计的基本依据。

2)以人工智能技术为实现手段。借助专家系统技术在知识处理上的强大功能,结合人工神经网络和机器学习技术,较好地支持设计过程自动化。

3)以传统 CAD 技术为数值计算和图形处理工具。提供对设计对象的优化设计、有限元分析和图形显示输出上的支持。

4)面向集成智能化。不但支持设计的全过程,而且考虑到与 CAM 的集成,提供统一的数据模型和数据交换接口。

5)提供强大的人机交互功能。使设计师对智能设计过程的干预,即与人工智能融合成为可能，如图8.1和图8.2所示。

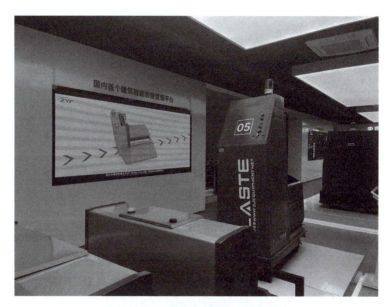

图8.1　5G塔式起重机远程驾驶舱

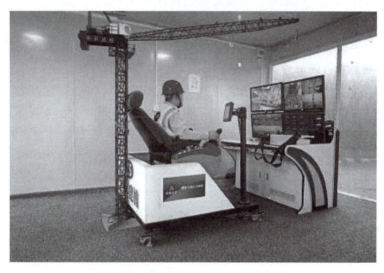

图8.2　国内首个智能装备管理平台

随着新技术的不断出现，建筑设计和建造效率不断提高，但是长期以来人类靠大脑思维和手工制作的方式没有发生根本的改变。尽管过去几十年建筑行业取得了巨大的成果，但是与其他行业相比，其效率仍然是相对低下的。

在工程建设增强其灵活性的过程中，数字化技术功不可没。随着复杂性思维的发展，建筑师已经不能仅仅依靠传统设计模式来表达设计思想和表现设计成果。将参数和几何控制技术引入建筑设计领域，不但可以清楚地表达建筑师的设计逻辑，还能使建筑更好地与周边环境结合。建筑师可以通过设计程序的逻辑运算，输入相应的参数就可在变化中生成建筑形态，甚至是一些可以控制但是不可预知的建筑形态。因此，催生了智能建造设计（图 8.3）的出现和发展。

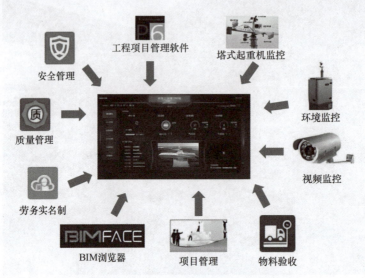

图 8.3　工程上的智能建造设计

智能建造设计不仅是一种趋势，而且是建造设计发展的必然过程。在建筑市场的数字化浪潮中，建造设计将面临以数字化转型为主要特征和发展趋势的变革。处于数字化转型的窗口期，建筑设计企业数字化转型升级需要从战略的高度予以重视，需要顺应数字化时代的发展，调整与重塑建造设计的流程、组织架构，创新商业模式。

智能建造设计依托计算机技术、云计算技术、大数据技术等，可实现对建筑数据的深度挖掘、分析、处理和应用，这对建造设计工作将产生较大的影响。在未来发展过程中，智能建造设计将会得到广泛的推广和应用，进一步推动建造设计的创新前进。目前依据设计特征，智能建造设计主要可以分为标准化设计、参数化设计、基于 BIM 的性能化设计、基于 BIM 的协同设计及 BIM 设计智能化五个方面。

■ 8.2　标准化设计

8.2.1　概述

一般来说，标准化设计包含设计元素标准化、设计流程标准化、设计产品标准化。从技术与管理的角度来说，标准化设计既包含设计绘图建模的标准化，也包含设计管理的标准化。目前来看，相当一部分的建筑类型已经实现或者正在实现设计的标准化。以住宅设计为例，标准化户型、标准化空间、标准化装修等的设计与管理流程的标准化已经得到大量应用。从长远来看，实现建筑设计技术与管理的标准化既是市场的需要，也是企业的需要。

标准化设计是实现智能建造设计的前提，只有通过标准化，才能逐步实现产品化、一体化、智能化。标准化是提高产品质量、合理利用资源、节约能源的有效途径，是实现建筑工业化的重要手段和必要条件。标准化的构件和部品部件能够横向打通设计方、建设方、施工方、承包商、运维方的数据，减少各方之间基于多变构件和部品进行沟通的不确定性，提高各方之间数据对接的效率。标准化设计成果能够对接产业上下游，实现纵向全周期的数据贯通。标准化的实现需要数据标准的支持，只有完善的数据标准支持才能够实现全参与方的数据和业务流程闭环。

8.2.2 标准化设计应用流程

1. 设计流程标准化

设计流程标准化是标准化设计的重要组成部分。流程标准化既包含设计各专业之间协作的标准化，也包含设计管理过程中各环节的管理人员、管理规范、管理步骤等的标准化。流程标准化，既能够减少因组织人员流动、人员能力等问题带来的人为设计管控风险，也能够提高设计管理效率，有利于形成高效协作的设计和管理团队。

2. 设计元素标准化

设计元素即构成设计成果的组成元素，包含设计绘图建模过程中的设计工具、设计步骤、模型或图纸的组成元素、参考规范、出图样式等。以模型或图纸的组成元素为例，可以分为基本元素和组合元素两大类，设计基本元素包括墙体、门、窗、柱、标注等，而设计组合元素则包括构件库中的组合构件、功能房间、标准化工程做法等。装配式建筑标准化设计如图8.4所示。

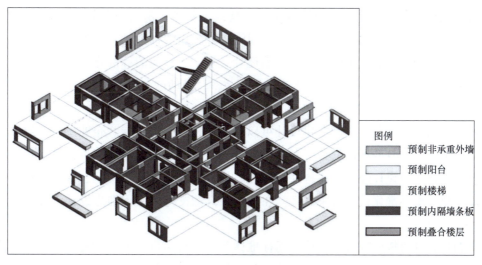

图 8.4 装配式建筑标准化设计

通过将设计元素标准化，能够使设计成果的构成、传递、展示标准化和规范化，易于设计成果与经验在多专业之间、多参与方之间的传递与展示、分析。

标准化设计元素是实现智能建造设计的必要前提，以二维图纸的智能审查为例，标准化的文件命名、图层归属、线型设置、尺寸标注、文字信息表达能够大大提高图纸的识别率，减少人机交互操作。同时，积累有效的审查数据，可为后续智能审查的高精确度提供大数据支持。

3. 产品标准化

工程项目作为一种以建成成果为载体的对象，本身也是一种产品。工程项目产品的标准化设计既包含最终成果的标准化设计，也包含组成最终成果的部分单元的标准化设计，如图 8.5 所示。以住宅项目为例，建筑产品的标准化包含居住小区的建筑设计、景观设计、装修设计的标准化。对具体的单体建筑来说，建筑楼栋、住宅单元、住宅楼层、居住户型等都能够实现基于产品需求的标准化设计。

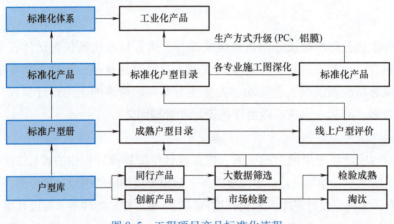

图 8.5　工程项目产品标准化流程

以住宅设计为例，住宅产品的标准化包含建筑、景观、精装、专业设计标准化，高端、中端、刚需住宅产品标准化，以及材料部品和施工工艺工法标准化。作为产业链协作的最终成果，建筑产品设计的标准化能够直接带动设计、生产、建造的标准化，利于产业链各参与方的高效对接并减少错误和偏差，提升产业运行效率，推动产业转型与升级。

4. 标准化设计的"三层"转型升级

根据流程与角色的差异，标准化设计可以分为岗位层、项目层、企业层三个层面。在岗位层，通过易用、高效的设计工具，大幅提升设计效率与水平，标准化设计模式将结合国内设计规范、设计单位设计经验，在构件标准化、流程标准化、变更协调、深化设计等方面为设计人员提供一套标准化设计解决方案。在软件工具的支撑下，标准化设计将大幅提升整体设计效率。

在项目层，通过搭建项目层设计数据标准体系，应用岗位层的数字化标准成果，使设计标准与施工的专业深化设计、做法标准等进行对接，实现项目设计与施工的数据贯通。基于 BIM 技术和数字设计平台提高项目管理业务流程和设计管理的标准化程度，助力项目实现精细化管理，大幅改善项目管理效果，显著提升协同效率和质量。

在企业层面，通过数据资产的沉淀和数据分析，形成标准化指导文件和制度、优化企业资源配置，实现企业管理最优化。通过可视化、标准化，将审图、产品、节点设计、工程做法等业务最佳实践沉淀为企业能力，形成设计院的标准化数据资产，使企业内部人员基于此能够高效准确地推进企业相关业务，为企业长远和高效发展提供动力。

以装配式钢结构住宅的标准化设计流程为例：

1）功能模块居住空间设计：以建筑功能需求为导向，使部件与墙板模数保持协调，确保建成的起居室、卧室等各功能房间均达到用户的要求，并且与假定柱网居住单元需形成初级组合。

2）综合考虑柱网居住单元组合和柱网模块遵循协调性的基本原则，开展彼此间的结构初算和交互调整工作。

3）设计柱网模块，以保证模块组合输入的有效性。

4）结构组合计算，产生标准化数据库，在此基础上开展数据组合、包络分析等相关工作。

8.2.3　标准化设计应用价值

标准化设计的核心是将现有工作中的通用部分进行固化，形成统一模式进行输出，使标准化操作更加符合偏差管理范畴。在政府规划设计主管部门的行政审批手续中，通过搭建一条龙的审批流程，提高了办事效率，职能部门制定的行业标准、规范等也可以规范行业的发展行为，并利于在国际竞争中输出统一标准，提高行业影响力。对于建设方，标准化可以加强企业对内部开发的产品、工作流程、审图和最终成果的管控；对于设计咨询公司，标准化包含设计流程、通用空间、节点设计、工程做法和部品部件等，有利于企业经验积累和标准化成果输出。在施工企业中，标准化主要包含对于施工技术、施工管理和施工工艺等的标准化建设，有助于施工企业在复杂的现场施工环境中积累施工管理经验，在建造过程中形成固定的技术与施工范式，并基于固定范式进行施工质量和施工工艺标准的提升。

概括来说，从设计参与方的角度来看，标准化设计的价值主要有以下方面：提升设计成果质量、保证生产效率；便于多专业衔接与多方配合；是模块化、智能建造设计的前提；数据标准是智能审查与智能建造设计的基础。

8.3　参数化设计

8.3.1　概述

参数化设计（Parametre Desisn）是指用若干参数来描述几何形体、空间、表皮和结构，通过参数控制来获得满足要求的设计结果。"参数"实际上为数学领域的概念，参数化设计则在广义上可理解为一种基于数字化技术的设计手段。参数化设计同样离不开数学，需要将设计的结果转变为参变量，这一过程可理解为参变量设计。设计领域的参变量可以理解为两种设计元素间的关系表现，参变量设计便是通过计算机建立这种关系，从而达到对设计结果的掌控。参数化设计不仅是一种设计技术或者工具，更在于设计师赋予参数化设计的思考与运算能力，使其与设计师的设计构思与灵感达到了充分的结合，从而作为一种辅助手段，帮助设计师提高设计工作效率、启发创作灵感，从而使设计中的复杂问题简单化。目前，参数化设计的应用领域已经非常广泛，包括工业设计、城市规划、建筑设计、景观设计等。在建筑领域，从国家体育场、上海中心大厦、北京大兴国际机场（图8.6）等重大项目到异形小艺术馆、售楼处，都有参数化设计的应用。

图 8.6 北京大兴国际机场内部景观

特别是在非线性复杂建筑、结构体系建筑项目设计中，非线性同样属于数学领域的概念，从数学关系角度，非线性可理解为一阶导数为非常量的函数，从而表现出一种复杂性特征。事实上，非线性建筑的概念同样来源于实际生活，在实际生活中有很多物体的形状是流动的、不规则的，如山脉、波浪等，这些物体的形状便可理解为非线性。在前期建筑方案构思及多方比较、效果渲染展示、实现建筑"功能"和"形式"的统一、结构支撑体系建立和建筑结构体系优化、标准化设计、工业化加工生产、信息化管理等方面，多种参数化设计软件模块发挥着各自的优势。通过参数化驱动，能够精确完成复杂体型建筑的设计，快速生成多种方案，便捷地进行方案修改、方案优化，高效地交换设计信息等，越来越体现出其强大的优势。

以复杂结构支撑的空间网格结构的参数化设计为例，由于其空间曲面复杂，单元和节数量庞大，节点与单元之间的连接非常烦琐。采用一般设计手段，结构工程师要在结构建模方面耗费大量的时间和精力，无法将工作重点集中在对计算结果和结构方案的分析优化上，而空间网格结构有着几何组成上的"内在逻辑"高度规律性，应用参数化设计可实现空间网格结构的自动建模，也可以对建模进行多方案比较再进行后续设计。

8.3.2 参数化设计应用流程

非线性建筑因其复杂特性，因此在参数化设计上要更加困难，但同时在形体生成与建造上又高度依赖参数化设计等计算机辅助技术，更加强调生成的"过程设计"方法，因此如何提取参变量及选取生成形体的算法尤为重要。在实际设计中，常见的逻辑规则设计方法包括：

（1）随机算法　随机算法是指在进行指定模块设计时采用无规则处理手段，使其在特定规则内进行随机变化，从而形成不同的设计结果，常见的元素变动有构件的尺寸、颜色或位置，以形成具有唯一性的非线性建筑。在采用随机算法时，建筑设计师需要不断调节随机种子来改变生成的结果，并从众多生成方案中选取最符合预期的设计方案。

（2）吸引子算法　吸引子算法可以理解为"场"的程序化，通过场的影响改变空间内对象与吸引子的距离关系，从而生成不同的形态。吸引子可同时进行多个场的叠加，并且可根据需要任意调节其形态要素与吸引力，从而对最终设计结果生成干预，在动态干预中寻找最佳设计结果。

（3）分形迭代算法　这种算法具有自相似性、反复迭代及标度不变性等特征，其所生成的建筑形态更类似于自然界中的叶子脉络、雪花等，在参数设计中需要率先将一种规则反复作用于设计元素上，通过反复作用生成具有自然美感的设计结果。

非线性建筑的参数化设计流程可分为四步：

（1）设计要求的数据化　设计师需要预选出建筑设计的关键影响因素进行数据化模拟，常见因素包括人员流向影响、采光日照影响、周围建筑影响等，统计好上述参数，并通过编程软件分析这些因素间的关系及其对建筑造型的影响，从而获取基本的设计参数。

（2）利用编程软件进行参数建模　在获取基本的设计参数以后，需要通过编程软件对参数间的关系进行描述，从而生成设计要求与建筑造型间的建筑数据关系模型。例如，Grasshopper 软件可利用函数块进行参数关系的建构，并通过电池块间的数学逻辑相互关系生成初步的建筑形体，当改变其中的参数变量后，便可获取新的建筑形体。

（3）设计雏形的演变和优化　初始的设计要求数据化在经过编程软件的关系建模后形成参数化模型框架，但目前生成的建筑形体仅考虑主要因素的影响，一些其他因素并未考虑其中。因此，还需要引入其他因素与既有参数变量间的关系模型，通过对关系模型的演变与优化，从而生成尽可能涵盖各类因素的建筑设计方案。

（4）设计形体反馈与结构逻辑的确定　在经过上述处理以后，最终可以得到建筑参数化设计的非线性复杂形式，从可视化结果中可初步判断该形体是否符合预期。然而，目前的形体仍然表现为逻辑建构，只能表明其对建筑的构造是有利的。因此，需要进一步考察其实用性与可实施性，应进一步推断实际工程的基本构造系统，查看其构造逻辑合理性是否与逻辑建构的合理性是否正相关，若正相关，则表明设计的建筑形体具有实用性与可实施性。

8.3.3　参数化设计应用价值

参数化设计是一种选择参数建立程序，将建筑设计问题转变为逻辑推理问题的方法。它用理性思维替代主观想象进行设计，将设计师的工作从"个性挥洒"推向"有据可依"。建筑参数化设计通过参数控制，实现三维设计的体量、表皮、支撑自动生成模型、自动生成功能空间，通过设计人员参数化调整，优化处理，获得满足要求的设计结果。参数化设计平台提供建筑设计和结构设计共用的一些算法规则。

对于创建不规则形体建筑的非线性设计来说，参数化设计、数字技术、数控加工技术及全新的材料技术是保证大量工程能够落地的根本原因。参数化设计使得设计思路更为自由，工作效率得到极大提高。设计表达更加精确，建筑师不仅对复杂形体和空间的控制力有进一步提高，还可以提前发现设计中的错漏碰缺，使设计的准确性得到大幅度提升。

以北京银河 SOHO 的参数化设计为例。银河 SOHO 坐落于北京朝阳门，如图 8.7 所示，总建筑面积达 330117m^2，由扎哈·哈迪德建筑事务所设计完成，平面设计与结构初步设计中均使用 BIAD 完成。建筑设计中借鉴了中国院落的主题思想，创造了一个相互连通的内部空间结构。该项目由四个单体建筑组成，设计中以天桥结构保持建筑内部的流动性，其中在建筑内部空间设计中参考了中国院落中庭的设计思路，选择使用轻质玻璃结构满足建筑的采光要求，同时也减轻了建筑本身的负荷。在设计中融入了传统的梯田元素，实现了自然生态与非线性建筑的有机结合，建筑设计中错综的关系可以营造出不同的视觉效果，时而过渡平滑，时而变化突兀，从而给人以不同的视觉感受，建筑主体与周边环境相互融合，建筑内部空间与外部空间相互连通，共同营造了一个和谐的空间氛围。

图 8.7　北京银河 SOHO

北京银河 SOHO 在设计初期阶段，选择使用"细分表面"确定建筑主表面的参数驱动几何体，通过参数驱动几何体设计分析可以基本确定项目的设计方向，银河 SOHO 中的四个单体建筑通过内容结构的处理可以形成有机连通的空间，在保证建筑整体性的基础上实现单一组成部分的参数化驱动。参数化设计中以参数驱动形成 3D 数字协调程序的基础，并确定下游项目的几何体结构。银河 SOHO 的非线性参数化设计中通过水平横切方式生成驱动式表面，采用表面几何体圆环和白色几何体插入的方式塑造流动性曲线结构。扎哈事务所在参数化设计中选用不同类型材料制作外立面模型，通过反复的评估与材料性能检验，最终发现使用 3mm 的铝质金属板可以在满足施工要求的条件下降低建设成本，并结合参数化运算确定最适宜的建筑形体结构。

8.4　基于 BIM 的性能化设计

8.4.1　概述

基于 BIM 的性能化设计是利用 BIM 建立性能化设计所需要的分析模型，并采用有限元、有限体积、热平衡方程等计算分析能力，对建筑不同性能进行仿真模拟，以评价设计项目的综合性能，如图 8.8 所示。主要应用场景有建筑室外环境性能化设计、建筑室内环境性能化设计、结构性能化设计三方面。

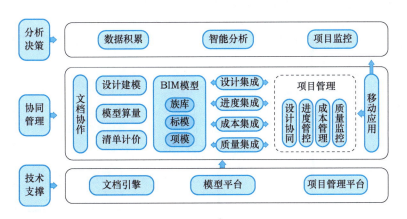

图 8.8 基于 BIM 的性能化设计

1. 基于 BIM 的室外环境性能化设计

全面推广、建设绿色建筑是我国建筑业发展的趋势与目标,针对待建项目的选址、场地设计、建筑布局及对市政、周边既有建筑的影响,需要通过模拟技术对待建项目的室外风、光、声、热环境提前进行模拟分析,从而优化设计,支撑绿色发展。

2. 基于 BIM 的室内环境性能化设计

绿色、健康、舒适的室内环境是人民群众对美好生活的追求,是建筑设计的目标与使命。通过对建筑立面、布局、空间设计的合理性分析,可大幅提升建筑室内环境质量;同时提升建筑围护结构与设备性能,大幅降低建筑运行能耗,提升室内环境的热舒适性。

3. 基于 BIM 的结构性能化设计

性能设计作为常规设计方法的补充,一般用于因为特别不规则而不符合概念设计的结构。通过选择适当的性能目标和性能水准,从而实现结构"小震不坏、中震可修、大震不倒"的基本设防目标。结构抗震性能设计的重点是针对结构的关键部位和薄弱环节,采用抗震加强措施,在性能目标的选择时宜偏向于安全一些。目前,《建筑抗震设计规范》(GB 50011—2010)和《高层建筑混凝土结构技术规程》(JGJ 3—2010)对混凝土结构均定义了四个性能目标和五个性能水准,而《钢结构设计标准》(GB 50017—2017)对钢结构采用七个性能等级,分别定义承载性能等级和延性等级。

8.4.2 基于 BIM 的性能化设计应用流程

基于 BIM 的性能化设计系统的产品设计都需要重点考虑如何实现与 BIM 设计模型数据的识别与应用问题。不同应用对于模型的广度、深度均有差异,这也是应用系统投入市场后成功与否的关键。

性能化分析之间相互制约、相互联系的关系正是 BIM 优势所在,如图 8.9 所示。

1. 基于 BIM 的室外环境性能化设计典型应用流程

1)选择项目所在省份、城市,系统自动匹配对应的气象、环境与地域资源数据;基于 BIMBase 建立待建项目与周边构筑物,包含建筑、道路、绿化、水体等;根据不同模拟分析设定专业参数,如根据植被类型(乔木、灌木等)指定叶片渗透系数等。

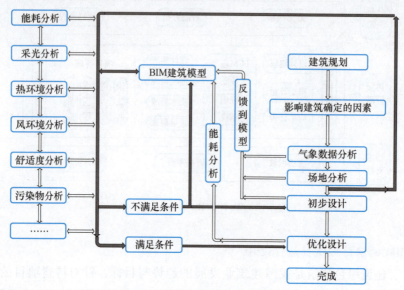

图 8.9 性能化分析应用流程

2)模拟计算。调用不同内核进行模拟分析,如风环境模拟需调用 CFD 内核。室外风环境模拟将根据边界条件与模型分析风速云图与矢量图、居住区热环境可得到遮阳阴影图与逐时干湿球温度曲线,室外声环境可以生成居住区平面与建筑立面噪声强度云图。

3)将建立模型、选用的气象数据、专业参数、模拟分析数据、效果图与判定结论自动输出,形成可溯源的报告书。

2. 基于 BIM 的室内环境性能化设计典型应用流程

1)选择项目所在省份、城市,系统自动匹配对应的气象、环境与地域资源数据;基于 BIMBase 建立待建项目的建筑详细模型或直接读取 BIM 模型,包含墙、门窗、柱、屋面、楼板、照明、空调系统等;根据不同模拟分析设定专业参数,如不同围护结构材料(钢筋混凝土、岩棉板等)将对应不同的热工性能。

2)模拟计算。调用不同内核进行模拟分析,如节能计算需调用能耗模拟内核。室内风环境模拟将根据边界条件与模型分析结果生成风速云图与空气龄云图,室内采光可生成采光系数分布云图与照度达标小时云图,建筑能耗模拟分析可以得到围护结构负荷分布图和逐月空调供暖柱状图等分析数据。

3)将建立模型、选用的气象数据、专业参数、模拟分析数据、效果图与判定结论自动输出,形成可溯源的报告书。

3. 基于 BIM 的结构性能设计典型应用流程

采用抗震性能设计之前,首先应尽可能改进结构方案,尽量减少结构不符合设计概念的情况和程度,不应采用严重不规则的结构方案。对于钢筋混凝土结构,当采用抗震性能设计时,主要流程如下:

1)选定地震动水准。根据结构使用年限和抗震设防区划确定地震加速度水准和地震影响系数最大值。对处于发震断裂两侧的结构,尚应根据距离考虑近场影响。

2)选择性能目标。特别不规则、房屋高度超过 B 级高度很多的高层建筑或处于不利地段的特别不规则结构,可选用 A 级;房屋高度超过 B 级较多或不规则性超过规范适用范围很多,可选用 B 级或 C 级;房屋高度超过 B 级高度或不规则性超过规范适用范围较多,可选用 C 级;房屋高度超过 A 级高度或不规则性超过规范适用范围较少,可选用 C 或 D 级。

3)根据性能目标选择性能水准。

4)根据性能水准执行正截面与斜截面设计或弹塑性计算。

8.4.3 基于 BIM 的性能化设计应用价值

通过室内外环境性能模拟,可以优化待建项目的场地环境,提升室外环境舒适度与室内环境质量,提升居住人员的生活品质;同时有效的风、热、光环境优化将大大降低建筑运行的能源消耗,降低碳排放。

结构性能化设计方法立足于承载力和变形能力,具有很强的针对性和灵活性,可以根据需要对整个结构,也可以对某些部位或关键构件灵活运用。性能化设计所采用的性能水准是基于结构中构件破坏的不同程度的宏观定义,因此与我国抗震设防的三水准紧密契合,相对于常规设计方法而言,构件的抗震性能非常明确。

以某绿色节能型室内水乐园为例。良好的数据互换功能是选择软件时需要考虑的重要因素。输入和建模通常很耗时,因此模拟软件能够从外部数据库导入或者导出数据,将很大程度上简化输入。BIM 设计的重点在于所结合的性能化分析都以 BIM 的参数化模型为中心。模型与性能化分析之间的联系是不断往返的。每一次分析后的修改都基于建筑模型,每一种分析都与其他分析相辅相成。

BIM 绿色设计基于对建筑基地环境中气候条件、温湿度、主导风向、自然资源等因素的调查收集,结合设计理念与手法建立建筑的初步信息模型,然后,从中提取出基本的建筑能耗模型,通过对该模型的能耗模拟分析与实时信息反馈,设计人员可进一步修改变更设计,使建筑能源的消耗和利用率得到优化。采光是办公建筑设计的关注点,可以通过光环境分析模拟软件对建筑的光环境设计进行模拟,结合模拟结果,对办公建筑采光的设计进行优化。

■ 8.5 基于 BIM 的协同设计

8.5.1 概述

协同设计是以在设计院各专业间、项目各参与方(角色)之间展开基于设计过程和设计成果的信息交互共享为特征的设计组织形式。数字化和信息技术的发展重新定义了协同设计,协同设计转变为基于网络设计通信手段和设计过程的组织管理方法,可以实现各专业之间的数据可视化和共享。

基于 BIM 的协同设计,是以 BIM 模型及承载数据为基础,实现依托于一个信息模型及数据交互平台的项目全过程可视化、标准化及高度协同化的设计组织形式,如图 8.10 所示。基于 BIM 的协同设计有两个典型场景：

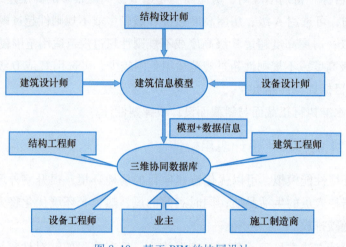

图 8.10　基于 BIM 的协同设计

（1）专业间协同　在设计的各个专业之间，通过专业间智能提资进行协同的方式，如建筑结构模型转化、机电管线智能开孔与预留预埋等促进专业间协同，使设计由离散的分步设计向基于同一模型的全过程设计转变，通过 BIM 模型连接各专业设计数据，使协同效率更高，设计质量更优。

（2）跨角色协同　在设计企业内，借助 BIM 的数模一体化和可视化优势，各参与方以统一的设计数据源为基础，以可视化的方式开展全参与方的设计交底，各参与方围绕设计模型开展成果研讨，改变了传统二维协作方式，以可视化和参数化使设计成果更加合理落地，满足全参与方的数据交互需求。

8.5.2　基于 BIM 的协同设计应用流程

1. 基于广联达协同设计平台的 BIM 协同设计流程

以广联达协同设计平台为例，介绍基于 BIM 的企业管理者、项目管理者和专业工程师协同设计典型应用流程。

（1）项目配置　通过协同企业管理者可创建企业虚拟组织，进行账号及权限分配；通过对企业数字化构件库进行管理及分配，可以实现企业资源的高效应用。

（2）项目设置及管理　项目负责人以企业分配的资源为基础，进行项目的分工及工作单元的创建；设计过程中，项目负责人通过项目看板进行项目工作单元的统计、问题数据分析及专业间协同数据汇总；企业管理者在项目看板上查看企业健康状态、工作进展，实现提、收、支、计等统筹管理。

（3）各专业、各参与方协同　在工作单元中，支持设计师创建项目总体的标高和轴网等定位信息，同时支持建筑专业在设计过程中对标高和轴网进行修改，并将定位信息同步至整体项目；设计过程中，同平台提供覆盖建筑专业、结构专业及机电专业等各专业间反复提资的数据通道，通过平台实现软件的连接和数据的交互，以统一的项目数据标准进行基于 BIM

的协同设计；轻量化查看设计效果，支持各专业设计师在平台中开展设计交底及会商，各参与方开展设计协同。

（4）质量管理　项目负责人在协同平台进行轻量化的设计成果检查，通过高效的协同反馈机制将问题反馈至专业负责人，进行问题的闭环处理；项目完成后，项目负责人可在协同平台进行碰撞检查、版本对比、净高分析等，完成项目的成果检查。

（5）项目交付　根据阶段性需要进行成果封装及交付，项目负责人通过创建交付单元、交付包对多专业设计成果进行封装；项目单元可进行下载，数据与工程应用阶段软件互通；协同平台的轻量级查看和渲染功能，支持项目负责人进行阶段性汇报。

2. 广联达鸿业 BIM 设计管理平台的协同设计流程

以广联达鸿业 BIM 设计管理平台为例，介绍根据项目的不同应用场景预设不同使用模块与流程，通过不同权限来为各个管理级别的用户提供项目中不同层级的管理方案。

以 BIM 资源共享、项目数据实时同步为基础，以统一身份认证、日志及权限系统为辅助，实现从项目新建与策划到协同设计再到最终模型归档的项目全流程管理。

（1）项目配置　项目负责人通过项目策划来进行项目人员的组织、项目成员权限的分配、项目里程碑的规划、标准资源的策划。

（2）项目设置及管理　各个专业负责人根据任务计划的规划，有序地展开各个专业的设计任务；使用标准样板新建中心模型，专业小组成员基于标准中心模型使用标准构件进行协同设计。

（3）各专业协同设计　各专业设计人员在各工具端进行专业设计，专业间协同提资实现基于模型进行构件级提资，提资文件与提资记录可追溯；专业间协同使用云端或本地链接模式，云端链接可自动更新最新版本；设计过程中，专业设计师可在线进行轻量化成果查看与审批。

（4）质量管理及交付　项目负责人可通过平台将协作方加入项目或直接分享轻量化模型，各参与方可直接查看该项目的可视化轻量化模型，及时反馈交流问题；在交付阶段，图纸、文档等设计成果文件实现在线管理、查看、归档或交付。

3. PKPM-BIM 基于中心数据库的构件级协同设计流程

由项目负责人基于 Web 端的项目综合管理系统或者客户端进行工程项目的快速创建及各专业人员权限分配；各专业项目参与人加入到团队项目中对同一模型进行编辑，实时提交项目数据到服务器，也可随时从服务器上下载各专业数据供当前专业使用，团队成员间通过构件锁定机制确保工作成果的唯一性；通过消息机制可以随时沟通，并且可以将变更构件随消息一并发送；项目完成后下载全专业模型在协同平台上直接进行专业间碰撞检查、调整管综、提资开洞等应用及成果交付。

8.5.3　基于 BIM 的协同设计应用价值

基于 BIM 的协同设计，为设计企业提供一个数据与信息交互平台，支撑设计数据高效精准传递、按需提取和多元化应用，改变协作模式，提升协同效率。

（1）软件间的数据互通，发挥数据价值　基于 BIM 的协同设计，将设计全专业、全参与方围绕数据交互平台开展工作的软件数据连接，使不同软件间可共享设计数据，减少重复工作，提升工作效率。基于 BIM 的协同设计打破了软件间的数据壁垒，充分发挥了数据价值。

（2）全参与方的协同合作，提高项目效益　以基于 BIM 的协同设计平台为中枢，提供满足全参与方可共享设计内容的交互平台，各参与方围绕数字化样品协同合作，以数据驱动设计质量最优，打破专业间的语言隔阂，提升全过程运行效益。

（3）构件级的检索提取，提升工作效率　实现构件级设计协作方式，基于 BIM 的协同设计将协同基础由文件提升为数据，支撑设计数据高效精准传递，用户可按需检索、查询设计数据，改变协作模式，提升工作效率。

（4）精准的追踪审查，提高设计质量　基于 BIM 的协同设计平台化方式，用户可以在模型中或轻量化浏览状态下进行问题的及时追踪，审查设计成果，随时随地开展协同设计工作，拓展了工作及应用场景，从而为设计提质增效。

（5）深刻的分析洞见，赋能建筑全生命周期　扩展数据价值，以设计数据为核心辅助管理决策者进行智能分析，实现知识积累、设计方案优化、产业上下游数据传递、产业全价值链打通、用户特征分类等新型数据决策支撑，赋能建筑全生命周期。

8.6　BIM 设计智能化

8.6.1　概述

BIM 设计智能化是指在建筑信息模型的信息达到系统化、标准化、规范化、专业化基础上，采用计算机模拟人类的思维活动。对设计过程再认识、设计知识抽析、系统协同、多种推理机制的综合应用等，通过人机对话或者人机接口等方式，使用计算机更好地承担设计过程中各种复杂任务，提高设计效率，成为设计人员的重要辅助工具。也可以通过计算机自学习机制，以人工智能方式解决设计问题。

对建筑设计而言，导致技术未能广泛应用的主要原因有建筑信息应用标准不统一，政策法规未健全，设计软件不成熟，BIM 模型中所包含的工程对象的 3D 几何信息及其拓扑关系、工程对象之间的逻辑关系未能实现有效运用，BIM 设计的时间及人力成本较传统 2D 模式高企，设计模型未能够对施工及运维管理进行有效支撑等。这些问题造成 BIM 整体设计效率低下、设计成果标准参差不齐、设计成果无法得到有效应用等。其中 BIM 设计的时间及人力成本较传统 2D 模式高企的主要原因是 BIM 设计效率低下。

BIM 设计作为建筑信息模型的最初建立步骤，BIM 设计的发展迟滞已成为制约整个建筑行业 BIM 技术应用的主要瓶颈。经过几年的实际应用，提高 BIM 设计效率的最有效手段就是 BIM 设计智能化。

BIM 设计智能化工具研发过程，即是研究可能实现的智能化应用点、对相关规范条文进行拆解、对通用设计实现手法进行总结、将设计过程逻辑规则化的过程。以这些规则为基础，基于 BIM 环境进行程序开发，充分调用 BIM 模型中所包含的工程对象的 3D 几何信息及其拓扑关系、工程对象之间的逻辑关系，有望制作出能够支持大多数常规场景、满足国家规范要求、满足大多数设计师要求的自动化设计工具。

8.6.2 设计智能化应用流程及系统

BIM 设计智能化工具，必须具备能够极大提高设计效率和设计质量的完整功能模块。在 BIM 设计中，智能化工具应用可以分为：一种是一次批量设计要求信息录入后，一次性大批量自动生成设计成果；另一种是按照设计条件复杂程度和设计流程，智能引导式地渐进多次录入设计要求信息，过程中加入人工干预、选择和调校，批量自动生成设计成果。

以某种基于 BIM 的新型支架的智能设计为例，由图 8.11~图 8.13 可以看出支架 BIM 智能设计方法有以下几个优点：

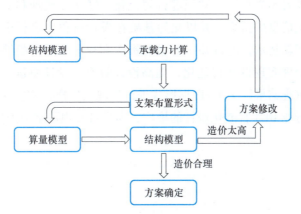

图 8.11 支架传统设计方法流程

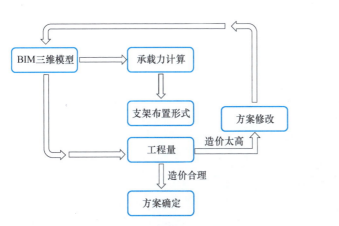

图 8.12 支架 BIM 智能设计方法流程

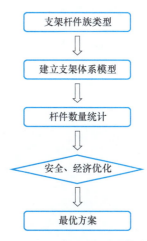

图 8.13 支架 BIM 三维模型构建流程

1）传统支架设计需要两个模型——受力计算模型与算量模型，而 BIM 智能设计思路只需要一个 BIM 三维模型，因此，智能设计方法的设计效率更高。

2）支架 BIM 三维模型可以进行动画演示，可对现场技术人员进行三维技术交底，为支架搭设的质量提供了保证。

3）BIM 智能设计过程中，所需设计人员数量及工作设备数量较少，节约了设计成本，提高了设计单位的竞争力。

4）支架 BIM 智能设计只需要一个模型，从受力计算到工程量核算过程中，减少了沟通环节，提高了团队的整体效率。

5）BIM 智能设计过程中只有一个模型，尽最大可能保留了工程数据信息。

8.6.3　BIM 设计智能化应用价值

以规范化的建筑信息为引导的智能设计，应能支持多场景自动化、BIM 设计智能化，在保证设计质量与使用体验的前提下，极大地提升设计效率，同时保证设计人员的使用体验，尽量贴合一线习惯；需要预先对设计知识进行规范化、结构化梳理和沉淀，建立数字化知识库，形成标准化的建筑信息数据集，并以此为基础在设计过程中进行引导式智能设计，结合大数据、AI、云计算等新技术，进行知识的主动推送和智慧应用，最终通过对规范化、标准化信息资源的分析及处理实现设计智能化，提高设计效率、设计质量；完成设计后，可实现自动合规审查，并将审查结果以文本+图形形式进行呈现。这样，才能在设计效率方面超过二维设计，才能实现全行业 BIM 智能化设计的推广，为早日实现数字中国奠定基础。

第 9 章

智能生产与智慧工厂

■ 9.1　智能生产概述

9.1.1　智能生产现状分析

　　智能生产是一种结合了先进技术、数据分析和智能决策的生产模式，旨在提高生产效率、降低成本和优化资源利用。智能生产是指通过应用现代信息和通信技术，实现生产过程的智能化、柔性化和绿色化，它包括智能设计、智能生产、智能管理、智能服务等多个方面。智能生产是制造业发展的重要方向，有助于提高生产效率、降低成本、提高产品质量，并实现可持续发展。智慧工厂则是智能生产的具体体现形式之一。智慧工厂是指运用现代科技手段，如机器人自动化、实时监测、自主诊断、远程操作等，来实现生产流程的优化和生产效益的提升。

　　早在1993年，我国对"智能生产系统关键技术"进行了探讨研究。近年来政府和企业更加注重智能生产的发展，国家持续颁布了一系列关于智能制造发展的政策，如《国家智能制造标准体系建设指南》《"十四五"智能制造发展规划》《中国制造2025》等。我国各行业的智能生产发展与演进大致分为三个阶段：从20世纪中叶到20世纪90年代中期的数字化阶段，以计算、通信和控制应用为主要特征；从20世纪90年代中期伴随着互联网的大规模普及应用，生产进入了以万物互联为主要特征的网络化阶段；当前，在大数据、云计算、机器视觉等技术突飞猛进的基础上，人工智能逐渐融入生产领域，开始步入以新一代人工智能技术为核心的智能化阶段。

　　当前，我国已具备发展智能制造的基础与条件。基于对智能生产相关技术的一系列研究和学习，我国已经掌握了长期制约我国产业发展的主要智能生产技术，如机器人技术、感知技术、复杂制造系统、智能信息处理技术等。同时，也逐步形成了以新型传感器、智能控制系统、工业机器人、自动化成套生产线为代表的智慧工厂。另外，我国制造业企业在研发设计方面，应用数字化工具普及率已经达到54%，生产线上数控装备比例已经达到30%，这对于智能生产的全面发展提供了强大的数字化制造基础。

　　然而，相比于发达国家，我国仍存在一定差距，主要体现在以下四个方面：一是智能制造基础理论和技术体系建设滞后，国内目前智能生产技术主要侧重于技术追踪和技术引进，而基础研究能力相对不足，对引进技术的消化吸收力度不够；二是我国制造业发展整体上还处于机械自动化向数字自动化过渡阶段，如果以德国工业4.0作为参照系，比较一致的看法是我国总体上还处于2.0时代，部分企业在向3.0时代迈进，整体前进速度较为缓慢；三是高端智能仪器仪表、数控系统、工业应用软件等关键技术和核心部件仍受限于人，大型工程机械所需液压件大部分依靠进口，一些大型机械进口部件更是占整机价值量的50%~60%；四是企业系统集成能力较为薄弱，企业虽然引入了人机一体化系统，但如何按照工艺设计要求，实现整个生产制造过程的生产、排产、调度、管理等仍是一大挑战，如何实现制造执行与运营管理、研发设计、智能装备的集成，如何实现设计制造一体化、管控一体化也是当前需要解决的难题。

总体来说，智能生产的理念和技术已经得到广泛认可，智能生产技术也在不断推广，但是在国内智能生产实际应用和发展上，由于缺乏实践经验的积累和核心技术的自主性，仍然面临着一系列挑战。

9.1.2　PC构件基本概念

混凝土预制构件（Precast Concrete），又称PC构件，是指在工厂中通过标准化、机械化方式加工生产的混凝土制品，属于装配式建筑的组成零件，是建筑工业化的重要基础。常见的PC构件包括梁、板、柱及建筑装修配件等，预制混凝土楼盖板、桥梁用混凝土箱梁、涵洞框构和地基处理用预制混凝土桩等都属于PC构件。

目前，预制混凝土构件可按结构形式分为水平构件和竖向构件，其中水平构件包括预制叠合板、预制空调板、预制阳台板、预制楼梯板、预制梁等；竖向构件包括预制楼梯隔墙板、预制内墙板、预制外墙板（预制外墙飘窗）、预制女儿墙、预制外挂墙板（Precast Concrete Facade Panel，也称PCF板）、预制柱等。

预制构件可按照成型时混凝土浇筑次数分为一次浇筑成型混凝土构件和二次浇筑成型混凝土构件，前者包括预制叠合板、预制阳台板、预制空调板、预制内墙板、预制楼梯、预制梁、预制柱等；后者包括预制外墙板、预制女儿墙、PCF板等。

常见的预制构件主要有以下几种：

（1）预制叠合板　建筑物中预制和现浇混凝土相结合的一种楼板结构形式，如图9.1a所示。预制叠合楼板（厚度一般为5~8cm）与上部现浇混凝土层（厚度为6~9cm）结合成一个整体，共同工作。

（2）预制空调板　建筑物外立面悬挑出来放置空调室外机的平台。预制空调板通过预留负弯矩筋伸入主体结构后浇层，浇筑成整体，如图9.1b所示。

（3）预制阳台板　突出建筑物外立面悬挑的构件。按照构件形式分为叠合板式阳台、全预制板式阳台、全预制梁式阳台，按照建筑做法分为封闭式阳台和开敞式阳台。预制阳台板通过预留埋件焊接及钢筋锚入主体结构后浇筑层进行有效连接，如图9.1c所示。

（4）预制楼梯板　楼梯间使用的预制混凝土构件，一般为清水构件，不再进行二次装修，一般由梯段板、两端支撑段及休息平台段组成。一般按形式可分为双跑楼梯和剪刀式单跑楼梯，如图9.1d所示。

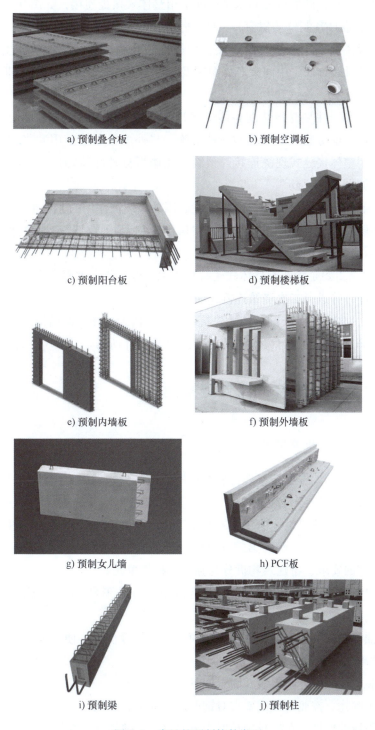

图9.1 常见的预制构件类型

（5）预制楼梯隔墙板　剪刀楼梯中间起隔离作用的围护竖向构件，与剪刀楼梯同时配套进行安装。

（6）预制内墙板　装配整体式建筑中作为承重内隔墙的预制构件，上下层预制内墙板的钢筋采用套筒灌浆连接，内墙板之间水平钢筋采用整体式接缝连接，如图 9.1e 所示。

（7）预制外墙板（预制外墙飘窗）　主要是指装配整体式建筑结构中，作为承重的外墙板，上下层外墙板主筋采用灌浆套筒连接，相邻预制外墙板之间采用整体接缝式现浇连接。预制外墙板分为外叶装饰层、中间夹芯保温层及内叶承重结构层，此外还有带飘窗的外墙板，如图 9.1f 所示。

（8）预制女儿墙　主要是指装配整体式建筑结构中，作为屋面与外墙衔接处理的一种结构，是屋顶上的栏杆或房屋外形处理的一种措施。与外墙板主筋采用灌浆套筒连接，相邻预制女儿板之间采用整体接缝式现浇连接。预制女儿墙板分外叶装饰层、中间夹芯保温层及内叶承重结构层，如图 9.1g 所示。

（9）预制外挂墙板　安装在主体结构上，起围护、装饰作用的非承重预制混凝土外墙板，一般由外叶装饰层及中间夹芯保温层组成。在构件安装后，通过预留连接件将内叶结构层与 PCF 板浇筑连接在一起，如图 9.1h 所示。

（10）预制梁　主要是指装配整体式建筑结构中，以弯曲为主要变形的预制构件。预制梁通过外露钢筋、埋件等进行二次浇筑连接，如图 9.1i 所示。

（11）预制柱　主要是指装配整体式建筑结构中，作为承托上部结构的垂直柱结构件。预制柱通过外露钢筋、埋件等进行二次浇筑连接，如图 9.1j 所示。

■ 9.2　智能生产技术流程及典型案例

9.2.1　预制构件智能生产流程

1）建筑施工图设计。按照国家现行的设计规范进行，达到施工图深度，预制构件生产公司应参与施工图会审，并提出有关建议。

2）构件拆解设计。这是生产前重要的准备工作之一，由于工作量大、图纸多，涉及专业多，一般由建筑设计单位或专业的第三方单位进行预制构件拆解设计，根据建筑结构特点和预制构件生产工艺的要求，将建筑物拆分为独立的构件单元。

3）模具设计及制造。模具设计需要满足预制构件的形状和尺寸要求，然后进行模具制造。

4）划线涂油。在底模上涂油，并画出边模、预埋件等位置，便于成型后脱模，提高放置边模、预埋件的准确性和速度。

5）模具组装。按照设计图组装并固定模具。

6）钢筋加工绑扎。按照设计图要求对钢筋进行加工和绑扎。

7）水电、预埋件预埋。在模具中预埋水电管道、预埋件及门窗等部分。

8）布料。按照生产要求，往模具中浇筑混凝土，使其成型。

9）养护。待混凝土固化后，进行必要的养护处理。

10）脱模。当混凝土达到一定强度后，可以从模具中取出预制构件。

11）表面处理。对预制构件表面进行打磨、清理等处理。

12）质检。对预制构件进行质量检查，确保符合标准。

13）构件成品。通过质检的预制构件即为成品。

14）运输安装。将预制构件运往施工现场，进行安装。

9.2.2 预制构件智慧工厂典型案例

1. 济南市中建绿色建筑预制混凝土构件生产工厂

该工厂围绕预制构件生产制造智能化设备、信息化技术、制造工艺进行系统研究，引入和研制了多种智能化生产设备和辅助设备，开发了预制构件生产制造一体化工作站，建立了集数据采集、流程传递、综合管理于一体的智能工厂管理平台，研发了钢筋自动化加工设备体系、混凝土养护设备体系、混凝土生产运输设备体系。该工厂有6条预制构件生产线和2条材料加工线，包括预制构件自动化流水线3条、固定模台生产线3条、钢筋自动化加工线1条、混凝土加工线1条，通过智能化生产设备实现预制混凝土构件全生产周期的智能化和自动化。

智能化、自动化生产设备主要包含钢筋自动调直设备、桁架筋自动焊接生产设备、钢筋网片自动焊接设备、可移动式模台系统、智能化蒸养窑、移动式振动平台、构件智能检测设备、智能化预应力张拉设备。通过工序的合理安排及设备的合理布置，可以实现智能化、自动化设备的协同联动，形成预制构件生产的智能化自动化体系。

该预制构件智能生产工厂生产阶段应用过程如下：

（1）混凝土生产阶段 高效混凝土搅拌站紧邻生产线，砂石料等原材料储料仓采用高位料仓模式，砂石料进场可由卸料口通过中转传送带直接进入高位料仓。混凝土生产时，通过高位料仓底部的计量秤直接计量，无须使用装载机。同时，卸料口与高位料仓装有除尘设备，粉尘被直接吸入储尘器中，实现环保节能。搅拌站拥有两条青岛迪凯机械设备有限公司生产的DMPC对流式行星搅拌机生产线，日产量2000m^3，可满足工厂满负荷运转时的混凝土需求。混凝土生产后，运输天车通过两条环形闭合钢轨，将其运送到厂内每条生产线，实现原材运输自动化。

（2）钢筋加工阶段 第四跨生产线为钢筋加工生产线，为保证钢筋成品供应，建立完整的钢筋加工生产线，引入钢筋自动化加工设备，包括智能桁架焊接机器人、智能钢筋开孔网焊接机器人、智能钢筋柔性调直机器人、智能钢筋弯箍机器人和斜面式智能钢筋机器人等多种自动化钢筋生产设备，可同步实现钢筋矫直、侧筋弯折成型、快速精准焊接、定尺剪切、自动收料等功能。可以加工直径5~12mm的钢筋，桁架成品高度最高可到达320mm，加工速度最快可实现36m/min。钢筋全自动调直、剪切、焊接、成型，网片中的钢筋直径可包含2~4种不同直径的钢筋，单日可加工成型网片300片。

（3）生产阶段 该智慧工厂固定模台和移动模台多种方式并存。

第一、七跨生产线为固定模台生产线，如图9.2a所示，采用双边布置40张固定模台，中间布置通道的模式，主要生产预制夹心保温外墙板和带有飘窗的外墙板。每张模台配有折叠式蒸养棚架，采用固定蒸养方式，8h达到起吊强度，大大缩短了固定模台的翻台时间，提高了工效，每跨生产线每日生产35块墙板，日产约60m^3混凝土构件。

第二跨生产线是楼梯生产线，如图 9.2b 所示，楼梯模具采用立式钢模，平放于混凝土地面。

第三跨生产线是流水生产线，如图 9.2c 所示，采用移动模台，主要以墙板生产为主，墙板采用反打工艺，先生产外叶后铺设保温，最后浇筑内叶，针对墙板混凝土需分两次浇筑的工艺特性，生产线设计了两台布料机，在振动台隔声室中增加有一台布料机，进行浇筑墙板外叶，然后采用振动台振捣。铺设保温板后采用第二台布料机浇筑墙板内叶，通过对布料机的改造，加快生产节拍，提高生产工效。第三跨生产线单个班次可生产墙板 60 块，日产约 100m^3 混凝土构件。

第五、六跨生产线是流水生产线，如图 9.2d 所示，采用移动模台，是国内第四代预制构件生产线，国内第四代线产能比第三代产量提高 60%，操作人数减少 37%。这条线生产线长度从传统的 150m 增加到 200m，模台数量由传统的 40~60 张增加到 80 张，蒸养窑的窑位从传统的 45 个增加到 69 个，生产布局更加合理，产能提升明显。目前，该生产线是工厂的叠合板生产线，针对叠合板的生产工艺特性，生产线设备增加了拉毛机，将普通振动台改造为摇摆、高频两用振动台，大大提高了叠合板的生产工效，24h 可生产叠合板 300 块，约合 100m^3 混凝土构件。叠合板的生产工艺包括模台清理、模具检查组装、钢筋网片安装、预埋件安装并检查、隐蔽验收、混凝土浇筑、预养拉毛、8h 蒸养、拆模冲洗、验收等，一共二十三道工序，保证产品质量。

a) 第一、七跨固定模台生产线　　　b) 第二跨楼梯生产线

c) 第三跨生产线　　　d) 第六跨生产线

图 9.2　济南中建绿色建筑预制混凝土构件生产线

2. 德国艾巴维公司各类预制构件生产线

（1）叠合楼板轮转生产线　叠合楼板轮转生产线是一种智能化的生产线，其主要特点是采用滚轮输送线来支撑和输送模台，使得模台按照预定的生产工艺进行环形路线运转。叠合楼板轮转生产线及设备如图 9.3 所示。

该生产线的主要工作流程如下：模台清理→数控设备标绘划线→喷油处理→安装边模和钢筋，并进行埋件安装，其中钢筋经过拉直和焊接成型→布料、振捣，使混凝土均匀分布在模具中→面层搓平处理→预防护、面层抹光及拉毛→立体养护（使混凝土达到设定强度）→模具拆除，并通过侧立吊装将成品取出。

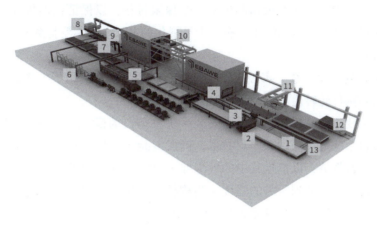

图 9.3　叠合楼板轮转生产线及设备

1—模台　2—模台清洁装置　3—标绘器　4—脱模剂喷洒装置　5—转子式拉直机
6—钢筋桁架焊接设备　7—用于混凝土预制件厂的自动化钢筋铺设设备
8—混凝土布料机　9—振动密实装置　10—码垛机　11—起吊架　12—构件外运车　13—模台传送

（2）叠合剪力墙轮转生产线　双层叠合剪力墙的轮转生产线是一种专门用于生产带（或不带）保温层的双层叠合剪力墙的设备。这种生产线的特点是高度自动化，通过使用置模机械手、钢筋网片和钢筋桁架的生产设备、自动化钢筋布筋设备和自动混凝土布料机等高自动化设备来提高生产效率和产品质量。双层叠合剪力墙轮转生产线及设备如图9.4所示。

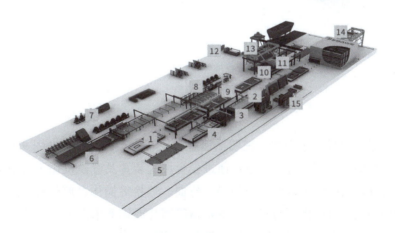

图 9.4　双层叠合剪力墙轮转生产线及设备

1—模台　2—拆模机械手　3—模台清理装置　4—置模机械手　5—模台传送
6—钢筋网片焊接设备　7—全自动钢筋弯折机　8—钢筋桁架焊接设备
9—用于混凝土预制件厂的自动化钢筋铺设设备　10—混凝土布料机
11—振动密实装置　12—保温板切割机　13—翻转机　14—码垛机　15—构件外运车

该生产线的主要工作流程如下：使用置模机械手进行模型安装→通过钢筋网片和钢筋桁架生产设备制作钢筋结构→使用自动化钢筋布筋设备将钢筋放入模具中→利用自动混凝土布料机将混凝土均匀地浇筑在模具中→翻转机将第一面板翻转至新浇筑的第二面板上，完成双层叠合剪力墙的制造→模具拆除，并通过侧立吊装将成品取出。对于生产带保温的双层叠合剪力墙，还可以配备额外的保温板切割机来切割保温材料，以保证保温板和墙板最终的质量并减少人工作业量。此外，该系统中还有一个可视化的EBOS中央控制系统，能够优化生产流程，降低人力需求。

（3）实心构件轮转生产线　实心构件轮转生产线是一种专门用于生产混凝土实心构件的自动化设备。实心构件轮转生产线及设备如图9.5所示。

该生产线的主要工作流程如下：模具安装系统将空白的模具安装到生产线上，准备接收混凝土浇筑→布料系统通过振动和布料技术，确保混凝土均匀分布在模具中→振捣系统使用振动器对混凝土进行振捣，以消除其中的气泡并确保密实性→养护系统对已经成型的构件进行适当的养护，以确保其达到所需的强度→当构件达到设定的强度后，通过机械手或其他设备将其从模具中取出→运输系统将完成的构件运送到指定的存储区域或下一个工序。

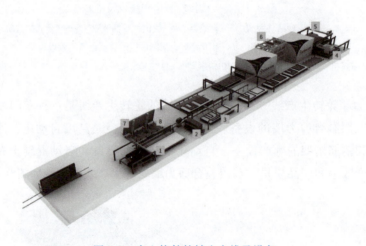

图9.5　实心构件轮转生产线及设备
1—模台　2—模台清理装置　3—置模机械手　4—混凝土布料机
5—抹平机　6—码垛机　7—倾斜台　8—模台传送

（4）三明治墙叠合轮转生产线　三明治墙叠合轮转生产线及设备如图9.6所示。三明治墙叠合轮转生产线的主要工作流程如下：通过模台传送装置及置模机械手完成对模具的布置和固定→在钢筋处理系统中对钢筋进行切割、弯曲、焊接等操作，形成符合设计要求的钢筋网片或钢筋桁架→通过自动化钢筋布筋设备将钢筋网片或钢筋桁架准确地放置到模具中→使用自动混凝土布料机将准备好的混凝土均匀地分布到模具中，通过振动密实装置和抹平机完成对混凝土的振实和抹平→在第一面板浇筑完成后，通过翻转机将其翻转至新浇筑的第二面板上，与其叠合完成双层三明治墙的制作（在生产带保温的双层三明治墙时，可以配备额外的保温板切割机来切割保温材料，以保证保温板和墙板最终的质量）→当构件达到设定的强度后，通过倾斜台或其他设备将其从模具中取出。

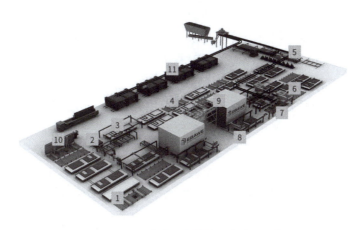

图 9.6 三明治墙叠合轮转生产线及设备

1—模台 2—模台清理装置 3—置模机械手 4—模台传送装置 5—钢筋网片焊接设备
6—混凝土布料机 7—振动密实装置 8—抹平机 9—码垛机 10—倾斜台 11—成组立模

9.3 混凝土预制构件自动生产线关键设备及典型案例

9.3.1 数控划线设备及智能构件模具装置

数控划线设备是指用于在底模上快速而准确画出边模、预埋件等位置，帮助提高放置边模、预埋件准确性和速度的智能装备。

数控划线设备主要由机械主体结构、控制系统、伺服系统、划线系统组成，机械主体结构主要由行走支架、横梁、主副端梁、精密导轨、控制面板组成；控制部分包括数控系统、配套电器（1套）、控制面板；伺服系统由 X 轴电动机、Y 轴电动机、伺服变压器等组成；划线系统由划线车、划线支架、划笔、笔墨等组成。

图 9.7a 所示为河北雪龙机械制造有限公司研发的数控划线设备；图 9.7b 所示为德州君科数控设备有限公司研发的数控划线设备。数控划线设备为桥式结构，采用双边伺服驱动，运行稳定，工作效率高；带自动喷枪装置、自动调高感应装置及友好的人机操作界面，适用于各种规格的通用模型叠合板，墙板底模的划线；采用自动编程软件且具有数据连接口，可根据实际要求处理复杂图形，精确定位系统保证图形的准确，操作可控性强。

a) 河北雪龙数控划线设备　　　　b) 德州君科数控划线设备

图 9.7 数控划线设备

预制构件模具是指应用在预制构件成型加工中使预制构件具有一定形状和尺寸要求的一种生产工具，主要包括底模、侧模、端模等重要组成部分。预制构件模具在很大程度上决定着产品的质量、效益和新产品开发能力。用预制构件模具生产制件所具备的高精度、高一致性、高生产率是任何其他加工方法所不能比拟的。

智能构件模具是指能根据构件边线尺寸、钢筋出筋位置、出筋形式（平直出筋、弯折出筋）等构件特征要求，可以智能化变换形成符合生产要求的模具；或是可以综合考虑利用率、设计周期、工厂组装难度三个因素，智能化调配共模组成符合要求的模具。

图9.8所示为智能构件模具设备。图9.8a~c为沈阳建筑大学自主研发的具有智能尺寸调节功能的预制构件制造模具。其主要原理是通过中央控制系统对预制构件尺寸、门窗位置、类型等分析，控制模具中的调节推板或调节滑块的位置变化和配合，实现模具布料区尺寸的变化，同时架设门窗放置机构，配备门件和窗件，可以实现自动化调节尺寸并配合门窗的目的。图9.8d所示为三一集团自主研发的国内首个拆布模机器人，可以实现自动计算、选择边模，通过机械手从边模摆渡机上或边模库中选择所需边模并把它们精确地放置在模台上，打压边模上磁钉来固定边模，然后通过机器人扫描模台，获取边模及位置信息，利用抓手自动抓取边模，放至边模输送线上对边模进行输送、清理、摆渡。

a) 智能尺寸调节预制构件制造模具

b) 多功能PC预制构件制造模具

c) 智能预制构件制造模具

d) 拆布模机器人

图9.8 智能构件模具设备

9.3.2 智能钢筋加工机械设备

智能钢筋加工设备主要包括智能桁架焊接机器人、智能钢筋开孔网焊接机器人、智能钢筋柔性调直机器人、智能钢筋弯箍机器人和斜面式智能钢筋机器人等多种自动化钢筋生产设备，一般为智能化流水生产线形式。智能钢筋加工设备可以智能化实现钢筋调直、侧筋弯折成型、快速精准焊接、定尺剪切、自动收料等功能，最后通过自动化钢筋运输设备进行成品转运至各生产车间。根据预制构件种类对钢筋的成型要求配备有用于生产叠合板桁架筋的智能桁架焊接机器人，用于生产预制构件钢筋网片的智能钢筋网焊接机器人等。

图 9.9 所示为济南市中建绿色建筑预制混凝土构件生产线中所使用的智能化钢筋生产线，该预制构件智能化生产体系入选住建部第一批智能建造新技术新产品创新服务典型案例。

图 9.9　智能化钢筋生产线

9.3.3　智能混凝土布料设备

混凝土布料设备主要用于生产制造混凝土预制构件，在生产过程中向预制构件模具中进行均匀定量的混凝土物料的投放。

智能混凝土布料设备主要由双梁行走架、大车行走机构、小车行走机构、混凝土料斗、安全装置、气动系统、清洗装置、电气控制系统、中央控制系统等组成。在智能混凝土布料设备中，控制系统留有计算机接口，便于实现直接从中央控制系统读取图纸数据的功能；行走系统具有平面两坐标运动控制、纵向料斗升降功能，配合可按图纸尺寸、设计厚度要求由程序控制实现均匀布料。布料机采用整幅布料，布料速度快且操作简便；布料料斗容积大，料斗带混凝土称重计量装置，行走速度及布料速度无级可调；布料设备配清洗平台、高压水枪和清理用污水箱，便于清洗和污水回收。

图 9.10 所示是德国艾巴维设备技术有限公司生产制造的智能混凝土布料设备，该设备通过中央控制系统获得所需的生产数据（预制构件大小和厚度），可以实现直接从搅拌站接料或从鱼雷罐接料，再依据生产数据进行均匀布料，并可以结合需求选择蛇形旋转卸料系统或者钉齿滚轮卸料系统。

图 9.10a 所示是伞翼螺旋卸料的混凝土布料机，通过伞翼卸料螺旋及打开相应的出料口，将新鲜混凝土从布料机中浇筑到指定位置，可以实现对出料量的精确控制，避免不必要的材料损耗。图 9.10b 所示是推拉滑板卸料的混凝土布料机，在混凝土布料机料斗中的推拉杆确保混凝土在料斗内的均匀分配，并且能够顺利地将混凝土送至开口处，再借助活动的滑板打开布料口，实现混凝土的精确布料。图 9.10c 所示是分段闭合的混凝土布料机，可以实现往成组立模内浇筑新鲜的混凝土物料，其开口装置以液压或电动方式打开，配合外部振动器可以确保布料斗能够完全排空。

9.3.4　智能翻转机构

在生产双层叠合剪力墙时，需要将已经固化的第一面板翻转与新浇筑的第二面板叠合，该过程正是由翻转机构完成。依据型号的不同，可通过翻转机构翻转包括混凝土构件在内的整个模台或直接借助真空技术翻转之前已脱模的第一面板。

a) 伞翼螺旋卸料的混凝土布料机   b) 推拉滑板卸料的混凝土布料机

c) 分段闭合的混凝土布料机

图 9.10　智能混凝土布料设备

图 9.11 所示为德国艾巴维设备技术有限公司生产制造的智能翻转机构，智能翻转机构的框架上安装有两个模台导向装置，可以实现在振动密实工位上把第一块模台和第二块模台相互叠放在一起，确保了模台上边模内的构件能够彼此固定在一起，保证在振动密实期间的稳定性。

图 9.11　智能翻转机构

9.3.5　智能生产规划

智能生产规划是预制构件智能生产线及智慧工厂的中枢，根据生产任务、需求、设备状态等对预制构件生产各环节的规划是装配式建造技术和工厂化生产实现高效率、低成本、可持续的核心。

1. 智能生产规划中的常见任务

（1）生产计划与调度　智能生产规划的重要组成部分，根据市场需求、生产资源、工作流程等因素，制订出合理的生产计划并进行有效的调度，通过优化生产计划和调度，提高生产效率和降低成本。

（2）质量控制　通过使用传感器、物联网技术、大数据分析和人工智能等技术手段，可以实时监测生产过程中的各种参数,实现对产品质量的全程监控和控制,从而及时发现和解决问题,确保产品的质量。

(3)设备维护与管理　通过预测性维护技术和设备的远程监测,可以实现对生产设备状态的实时监控和分析,提前预测设备故障,并采取相应的措施进行维修或更换,避免设备故障导致的生产停滞和生产成本的增加。

(4)供应链管理　通过实时监控库存、运输和交付情况,优化供应链的各个环节,确保生产和供应的顺畅。

(5)产品设计与改进　通过收集和分析客户反馈和产品使用数据,可以对产品进行持续改进,满足不断变化的市场需求。

2. 智能生产规划典型案例

德国艾巴维设备技术有限公司自主研发的 EOBS 系统,可以实现各种数据对接并无缝集成。EOBS 系统全面了解每个元素的生产状态,及时调整生产计划,保证生产效率;质量检查模块提供了在工位上对成品或半成品元件进行全自动图像采集,实现自动质量检查,保证质量管理;提供生产测试服务,在工作准备阶段检查生产数据的正确性,防止了生产停机和避免了对机器的更改,在可生产性和生产优化方面都可以实现最大限度地减少错误源。EOBS 系统通过基于 BIM 的流程和 5D 规划,保证了生产精度和效率,确保项目按时、按预算进行,帮助企业实现生产利润最大化。

三一筑工自主研发的"三软一平台",即"PKPM+SPCS""PCM""SPCI 工业软件",基于"项目策划、智能设计、智能制造、智能施工、智能运营"智能建造五大场景,为 E(设计)、P(生产)、C(施工)各方提供专业技术服务,确保项目顺利实施,真正实现项目全生命周期、关键角色、关键要素在线协同管理。其中,三一筑工 SPCI 数字化解决方案,对接 PKPM、PlanBar、Revit、AutoCAD 等主流设计软件,解析设计数据并按体系标准重组生产工艺数据,直接发送给 SYMC/PLC 等控制器,通过伺服控制等工业技术驱动 SPCE、SACE、SSRE 等智能装备实现 PC、钢筋、混凝土等的数驱智能化全自动高效生产。

9.4 智能生产技术发展现状及趋势

9.4.1 预制构件智能生产技术发展现状

构建智能化生产工厂已成为建筑行业企业发展的重要趋势。近年来,随着新型建筑工业化的迅猛发展,众多建筑企业已将预制混凝土构件生产纳入主营业务。据统计,截至 2021 年,我国混凝土预制构件生产企业数量超过 1200 家,生产线超过 4000 条。其中,约三分之二的工厂已配备自动化生产线,实现了不同程度的智能化生产。

在市场驱动下,制造企业运用大数据、机器人、物联网等技术助力传统制造业,逐步成功打造了一批典型应用系统与场景并建成了智能工厂,工业机器人、3D 打印、智能物流装备、工业软件等新兴产业实现了 30% 以上的快速增长。目前,已发布大量智能制造国家标准,基本覆盖设计、生产、物流、销售、服务制造全流程。在此基础上,协同绿色建筑与建筑工业化发展，预制混凝土构件智能生产技术取得了长足进步。具体情况如下：

1）针对预制混凝土构件的生产特点，初步建立了先进适用的智能生产线的工厂布局与系统架构理论体系，形成了一批具有自主研发与供应能力的行业企业，预制混凝土构件工厂的选型设计具有更大的选择空间。

2）大部分生产线采用了先进的集中控制系统，工厂自控系统平均投用率已逐步提升到60%~70%，有效提高了生产的自动化程度。

3）初步建立了生产设备的制造执行系统（MES），尤其在钢结构、门窗、地板等标准化程度较高的预制混凝土构件生产线中已经实现了较为成熟的应用。MES在工厂综合自动化系统中起着中间层的作用，在ERP系统产生的长期计划指导下，MES根据底层控制系统采集的与生产有关的实时数据，对短期生产作业的计划调度、监控、资源配置和生产过程进行优化。

4）初步建立了生产工厂的通信网络架构，实现工艺、生产、检验、物流等制造各环节之间数据的采集与指令传送，实现了智能生产的网络化支撑。智能生产工厂的建立需实现生产设备网络化、生产数据可视化、生产过程透明化等先进技术应用，实现从设备端到生产端的集成，以满足高质量发展阶段提出的优质、高效、低耗、灵活的生产需求，当前已经具备了基本底层技术基础。

5）建立了生产工厂信息化管理系统，包括传统ERP系统及基于互联网的SaaS化工厂管理软件。大部分生产线实现了生产过程管控、关键工艺工序数据在线监控，部分先进生产线实现了物联、大数据分析应用；实现了远程运维服务，远程线上诊断、故障报警并排除故障逐步成为常态，有效减少了产线的停机率，设备和产线的物联已经逐步成为智能生产线的标准配置，为工厂提供了轻量化的管理工具，使之更加高效、便捷。

6）智能仓储、物流系统开始在智能生产环节逐步普及应用，提升了仓库货位利用效率，提高了仓储作业的灵活性与准确性，可合理控制库存总量、降低物流仓储人员需求数量，大幅压缩物流仓储成本。

7）智能生产在节能减排方面取得明显效果。在工厂建设、设备选型和运营过程中行业企业逐步建立了能源管理需求和意识，如预制混凝土构件智能养护技术已经全面普及应用。

目前，我国预制混凝土构件生产企业正处于由粗放式、劳动密集型企业向技术型企业转变的关键时期，智能化已经在整个转变过程中起到至关重要的作用。

9.4.2 预制构件智能生产技术发展趋势

总结预制构件智能生产技术及应用方向，未来可预见的发展趋势如下：

（1）设计、生产、施工一体化 当前，装配式建筑及其预制构件设计在实际生产过程中存在脱节现象，导致构件生产标准化程度不高、资源损耗较大、成本较高。为解决这些问题，需整合建筑产业链，实现生产、施工与设计的紧密结合，充分发挥开发、设计、构配件生产与施工全产业链的优势。

（2）产品尺寸及模具高精度 现代预制混凝土技术以高精度为核心特性，而提升预制混凝土模具的精度更是技术突破的关键。为确保高精度预制混凝土构件的钢模具备足够的强度、刚度和稳定性，要采用先进的模具加工设备对单一零件进行精密放样切割，并实施试拼装程序。在预制模具设计方面，计算机辅助设计的应用已相当普及。上海建工正在研发计算机虚拟模具制造技术，以应对高精度复杂预制构件的生产挑战。同时，随着施工现场安装精度的提升，预埋件的精确定位技术，包括绝对定位法和相对定位法，也获得了进一步的发展。此外，各类高精度在线测量仪器在预制构件的测量和定位中发挥着不可或缺的作用。

（3）结构功能装饰一体化　在现今社会，传统的装饰形式已经无法满足人们对构件的品质追求。随着需求的增加，构件的结构、功能与装饰效果一体化逐渐成为趋势，如表面纹理、露骨料、彩色混凝土、清水混凝土、外饰面铺贴砖石或涂层等装饰预制构件展现出广阔的发展前景。深入研究和应用装饰的实现技艺，将有助于降低预制构件的制作成本，为装饰行业带来更大的竞争优势。同时，装饰混凝土作为一种创新的装饰方式，将装饰与功能完美结合，实现了结构施工与装饰的同步进行。

（4）混凝土高性能化　高性能混凝土技术日益受到关注。美国纽约州成功研发了一种全预制波特兰水泥混凝土面板，采用高性能混凝土 UHPC（超高性能混凝土），其抗压强度高达 200MPa。预制混凝土为实现高效生产，对早期强度有较高要求，因此需采用早强型矿物、化学外加剂和蒸汽养护等工艺。

（5）信息化与工业化融合的数字化制造　在信息化时代，装配式建筑预制构件生产将步入信息化与数字化相结合的生产模式，实现信息化与工业化的深度融合。通过将模型与生产、装配信息关联，实现信息数据的自动整合与集成，从而识别信息并辅助预制构件的自动化加工。设计全过程需广泛应用 BIM 技术，以设计为龙头，实现装配式建筑 BIM 技术的深度应用，推进协同化、可视化设计、数字化设计及通用预制构件库等，为预制构件后续生产、施工及运营提供设计模型与技术支持。

生产线发展需适应产品设计、预制构件库选择、模具设计加工及构件数字化生产一体化需求，以初步实现预制构件信息化生产与数字化建造能级的提升。生产线具备生产设施与装备可扩展布置、有机组合特点，实现构件生产机械化程度高、产品适应性强、投资成本较低等优势。

目前，较多企业正积极投入研发适用于复杂构件流水线的抹面机器人、钢筋笼焊接机器人、模具自动拆装及清洗系统、振动模位降噪系统等。

（6）节能环保技术　节能环保与新型材料技术的运用对社会福祉及经济效益产生深远影响。传统的混凝土预制构件蒸汽养护方法消耗大量非可再生资源，这与绿色洁净生产的观念相悖。参照清洁能源在其他领域的应用与发展，探索将太阳能与空气能相结合的热能系统为预制工厂提供清洁能源，有望在节能环保方面实现突破。同时，免蒸养混凝土技术及自动温度控制技术的应用，有助于降低能源损耗，进一步推动混凝土构件养护领域的节能减排。

积极推进装配式建筑发展，是践行建筑业多元化生产模式及绿色发展战略的关键。创新与发展的建筑工业化技术将推动产业逐步实现标准化设计、工厂化生产、装配化施工、一体化装修、信息化管理及智能化应用。预制构件产业应致力于探索和发展绿色、节能、环保、工业化与信息化深度融合的数字化制造（智造）模式，持续研发创新产品与工艺装备，培育新兴产业新动能，从而提升建筑工程品质。

第 10 章

智能施工与智慧工地

■ 10.1 智能施工与智慧工地概述

10.1.1 智能施工概念

在目前的工程建设过程中,为保证建设质量及建设效率,智能施工技术开始在工程建设中得到应用。在进行工程建设时,技术人员做好专业技术整合与分析,通过对技术及专业机械设备的合理运用,科学地开展各项施工。智能施工是以 BIM 技术、物联网技术、3D 打印技术及人工智能、云计算、大数据等技术为基础,可以实时自适应于变化需求的高度集成与协同的建造系统。目前主要应用于装配式建筑、隧道施工等。

BIM 技术数年前在欧美等国家中得到了迅速的发展与广泛的运用。目前,很多国家已明确强制工程建设项目必须应用 BIM 技术,见表 10.1。

表 10.1 国外 BIM 应用情况

国家/地区	年份	政府规定
美国	2007	所有重要项目通过 BIM 进行空间规划
英国	2016	实现 3D BIM 全面协同,且全部文件以信息化管理
韩国	2016	实现全部公共设施项目使用 BIM 技术
新加坡	2015	建筑面积大于 5000m^2 的项目均需提交 BIM 模型
北欧	2007	强制要求建筑设计部分使用 BIM

由表 10.1 可看出,在美国及北欧等开展 BIM 时间较早的国家及地区中,强制要求应用 BIM 技术早于其他国家十几年,英国、新加坡、韩国近几年也实现部分或全部实现应用 BIM 技术,其他一些国家如日本、澳大利亚等虽未强制要求,但也结合国情发布了相关的 BIM 标准、行动方案,并成立了相关联盟。

我国 BIM 技术应用现处于起步阶段,交叉学科领域研究较少,多以施工阶段应用为主,但是发展迅速,大多数企业都逐渐重视 BIM 技术在工程各阶段的应用价值。近年来,BIM 技术在我国应用的案例也有很多,如中国尊、国家会展中心、北京大兴国际机场(图 10.1)等,在深化设计、辅助施工、族库建立及可视化控制等方面发挥了巨大的作用。

图 10.1　北京大兴国际机场

物联网是新一代信息技术的重要组成部分，也是信息化时代的重要发展阶段，物联网即物物相连的互联网。因此，将其运用到建筑业等行业领域是物联网发展的核心，利用物联网改善管理人员的环境是物联网发展的灵魂。物联网技术最早由美国提出，并于 2009 年在《2025 年对美国利益潜在影响的关键技术报告》中就将物联网列为六种关键技术之一。自 2012 年起，我国提倡"互联网+"，将互联网技术逐渐应用于建筑行业，实现新的突破，完善了建筑物与建筑物的各种构件、建筑人员与材料、材料运输过程的信息交互。物联网技术在建筑行业的应用可以大幅度提高企业的经济效益，如采用 RFID 技术对材料进行编码实现对预制构件的智能化管理。

《经济学人》杂志认为，3D 打印技术是"第三次工业革命"。3D 打印技术可以直接利用建筑原材料进行快速的生产工作，由于使用材料丰富且模型可变性强，广泛地应用于建筑行业的设计、施工、管理等方面，其自动化、高效率、材料丰富给建筑业带来了更丰富的建筑结构，颠覆了传统土木工程建造技术。3D 打印又称为增材制造，是采用材料逐渐累加的方法制造实体的技术。国外 3D 打印技术发展较早，并积极推动 3D 打印技术的发展，由美国、德国、英国等国家首先推广，并且十分重视。过去的 20 年，我国在 3D 打印技术方面也取得了丰硕的成果（国内外现状见表 10.2）。一些科技公司利用 3D 打印技术为许多工程打造了各类建筑，如苏州工业园区别墅。这意味着我国 3D 打印技术水平向前迈了一大步，未来随着 3D 打印技术的发展，各领域将逐渐深化对该技术的应用与拓展。

表 10.2　3D 打印建筑应用现状

国家	应用现状
荷兰	采用 3D 技术呈现出世界第一栋打印建筑（图 10.2）
美国	南加州大学与美国航天局合作研发出"轮廓工艺"3D 打印机，该机器可进行 x、y、z 轴的打印工作
英国	奥雅纳（ARUP）3D 打印技术主要用于打印钢结构
中国	2015 年，中国盈创建筑科技有限公司打印出全球首栋精装 $1100m^2$ 三层别墅（苏州工业园区 3D 打印别墅，见图 10.3）；2016 年，中国盈创为迪拜 3D 打印出首批政府办公楼（图 10.4）

图 10.2　世界第一栋打印建筑

图 10.3　苏州工业园区 3D 打印别墅

图 10.4　3D 打印迪拜政府办公楼

人工智能是计算机学科的一个分支。以美国、英国及德国为代表的人工智能技术的发展走在世界前列，其发展状况见表 10.3。政府发布的政策、投入的资金及技术研发程序都大大推进了人工智能技术的发展，人工智能技术开启了"第四次工业革命"。我国人工智能发展的整体态势良好。党中央、国务院重视并大力支持发展人工智能，在2017年7月的《新一代人工智能发展规划》提出，将新一代的人工智能作为国家战略层面进行部署。

表10.3 国外人工智能发展状况

国家	年份	发展状况
美国	2015	发布的《为人工智能的未来做好准备》《国家人工智能研究和发展战略计划》和《人工智能、自动化与经济报告》
	2016	成立白宫推进机器学习与人工智能分委会（MLAI）
	2017	允许人工智能不设限制地"自由发展"，以保证美国在人工智能领域的领先地位
英国	2015	出资约4200万美元，成立了以大数据与人工智能技术为主要研究方向的研究机构
	2017	政府出版了《促进英国人工智能产业发展》一书
德国	2012	推行"工业4.0计划"，以服务机器人为重点，加快智能机器人的开发与应用

我国人工智能前沿理论创新方面总体尚处于跟跑地位，大部分创新偏重于技术应用。我国具有市场规模、应用场景、数据资源、国家政策支持等方面的综合优势，人工智能发展前景看好。目前，人工智能技术在建筑业应用广泛，在建筑规划中结合运筹学和逻辑数学进行施工现场管理；在建筑结构中利用人工网络神经进行结构健康监测；在施工过程中应用人工智能机械手臂进行结构安装；在室内油漆施工过程中应用室内喷涂机器人进行喷涂（图10.5）。

图10.5 室内喷涂机器人

装配式建筑在欧、美、日等发达地区和国家发展较早，以美国、日本等国为代表的装配式建筑施工机械化、自动化程度较高，见表10.4。随着工程规模的扩大、复杂程度的增加，计算机、机器人等新技术和新材料不断被引入。目前，对于多层木结构、钢结构为主的工业化建筑吊装施工，国外主要采用汽车式起重机、履带式起重机等流动式起重机械完成。此外，美国、德国和法国等也在建筑施工自动化领域进行了探索,研发了混凝土喷射机器人、焊接机器人、钢框架安装机器人等自动化智能施工装备;但因需求不足,进展缓慢,且功能单一,仅适用于局部施工作业。我国装配式建筑也正在不断地发展,见表10.5。2015年,全国新开工的装配式建筑面积为3500万~4500万 m^2;2018年,全国新开工装配式建筑面积达到2.9亿 m^2;2020年,新开工装配式建筑面积共计6.3亿 m^2,占新建建筑面积的比例约20.5%。

表10.4 国外从事装配式建筑研究的相关机构

机构名称	相关研究内容	相关研究成果	成果应用情况
日本 Obayashi 公司	自动化施工体系	预制钢筋混凝土结构高层建筑的自动化施工体系(BIG-CANOPY)	应用于日本叶县八千代市的野村不动产公司的高层公寓等多个项目
	综合机械化、自动化、信息化、预制化和标准化等技术,采用计算机控制施工管理的全天候钢结构施工体系	钢结构建筑自动化建造系统(ABCS)	应用于5个高层钢结构项目,楼层数分别为10层、26层、33层、37层和22层
日本 Shimizu 公司	基于高级机器人技术,具有平台提升功能的建筑施工体系	钢结构和外墙自动化施工体系(SMART)	日本 Nagoya Juroku 银行等多个项目
加拿大 Fraco 公司	重型作业平台技术,吊装技术,多导架平台整体提升技术	多功能重型升降作业平台	法国巴黎地区某混凝土建筑的窗户外装饰项目、法国巴黎 River 购物中心、美国航空中心建筑楼、法国某旧式混凝土烟囱拆除项目
瑞典 ALIMARK 公司	工业与民用建筑的经济通用型平台技术	通用型升降作业平台	应用于建筑物外立面翻新、喷漆,建筑物安装大型玻璃幕墙,运送建筑物外墙物料和施工工人

表10.5 国内从事装配式建筑研究的相关机构

机构名称	相关研究内容	相关研究成果	成果应用情况
中国建筑第七工程局有限公司	形成装配式环筋扣合铆接混凝土剪力墙结构体系,进行了工程应用,对吊装装备进行了探索	装配式环筋扣合锚接混凝土剪力墙结构及建造技术	成功应用于中建观湖国际14#装配式住宅等工程
北京建筑机械化研究院	大跨距双驱同步控制与自动纠偏技术	上海光源中心环行起重机	应用于中国科学院上海广元中心
	自动寻位与追踪控制技术	六分之一重力试验用起重机	应用于月球巡视器内场试验基地
廊坊凯博建设机械科技有限公司	多导架平台的同步性技术,多层平台技术,适用广泛的异型平台技术	形成多类具有明显技术优势的机械产品	应用于贵州省高速公路跨山谷桥墩施工、朝鲜柳京大厦治理、EmparesasDiaz 公司施工、印度 Shapoorji 公司某民用建筑外墙施工

智能施工已经成为工程项目中不可或缺的帮手。随着智能化技术的不断发展,智能化在

生产实践中的应用减少了人工的需求，提高了工作速度与精度，将施工与智能化技术结合起来，无疑是施工单位应对挑战的有力举措。智能施工技术的发展能够驱动工程的高质量发展，促进工程品质的提升，是改变工程施工作业形态的有力抓手，同时智能施工能够提升工作效率，推动行业的升级转型，智能施工技术也是"零距离"实现管控工程的利器。

建筑业正面临低效、高危、劳动力短缺等严重问题。我国建筑业45岁以上工人占比逐年增加。在这样严峻的发展形势下，智能施工必将取代传统的施工方式，成为高效且保证质量的施工方式。

智能施工技术目前在我国发展还不完善，许多技术手段都是引进国外的核心技术，利用国外的创新施工技术来加快国内智能施工技术的发展。这种发展状态就导致了国内智能施工技术缺少理论支持。因此对智能施工核心关键技术的开发，以及智能施工相关技术的发展应用，开拓全新的技术形式，是我国现阶段的主要目标。

智能施工技术在未来一定是建筑行业的主要技术，它将改变传统建筑的工作方式。从设计阶段到施工阶段，再到后期的运行维护阶段，BIM技术、物联网技术、3D打印技术、人工智能技术等大量智能施工技术将广泛地运用到实际工程中。

10.1.2 数字化与智慧工地

将许多复杂多变的信息转变为可以度量的数字、数据，再以这些数字、数据建立起适当的数字化模型，把它们转变为一系列二进制代码，引入计算机内部，进行统一处理，这就是数字化的基本过程。自计算机的发明开始，物联网、云计算、人工智能等各类数字技术不断涌现，成本不断降低，使得数字技术从科学走向实践，形成了完整的数字化价值链，在各个领域实现应用，推动了各个行业的数字化，为各行业不断创造新的价值。

数字技术井喷式的突破和广泛应用，我们在数字化变革大潮中正在加速向智能化时代迈进。云计算、物联网、大数据、机器人等新技术新装备加快发展和推广应用，加速催生数字价值的充分释放，各产业在数字化大潮中正在被重新定义，主动拥抱数字技术寻求变革，实现转型升级。建筑业在数字化进程中，虽然加快了发展步伐，但是对比其他行业仍然有很大的差距。据麦肯锡国际研究院《想象建筑业数字化未来》报告统计，在全球机构行业数字化指数排行中，建筑业在资产数字化、业务流程及应用数字化、组织及劳动力数字化方面均处于较低水平，在所有行业中数字化水平仅高于农业，居倒数第二。建筑产业数字化发展任重道远，转型升级迫在眉睫。建筑业唯有顺势而为，主动拥抱变革，用科技引领产业变革，才能实现健康可持续发展。"智能工厂""智慧社会""智慧城市""智慧工厂"等层出不穷，而"智慧"的理念在工程项目中的应用，智慧工地就应运而生，在施工现场通过云计算、大数据、物联网、移动互联网、人工智能、BIM等先进信息技术与建造技术的深度融合，打造智慧工地，对改变传统建造方式，促进建筑企业转型升级，助力建筑业的持续健康发展具有重要意义。智慧工地是智慧地球理念在工程领域的行业体现，是一种崭新的工程全生命周期管理理念。

智慧工地是指运用信息化手段，通过三维设计平台对工程项目进行精确设计和施工模拟，围绕施工过程管理，建立互联协同、智能生产、科学管理的施工项目信息化生态圈，并将此数据在虚拟现实环境下与物联网采集到的工程信息进行数据挖掘分析，提供过程趋势预测及专家预案，实现工程施工可视化智能管理，以提高工程管理信息化水平，从而逐步实现绿色建造和生态建造。

智慧工地将更多人工智能、传感技术、虚拟现实等高科技技术植入到建筑、机械、人员穿戴设施、场地进出关口等各类物体中，并且被普遍互联，形成"物联网"，再与"互联网"整合在一起，实现工程管理与工程施工现场的整合。智慧工地的核心是以一种"更智慧"的方法来改进工程各组织和岗位人员相互交互的方式，以便提高交互的明确性、效率、灵活性和响应速度。

智慧工地是人工智能在建筑施工领域应用的具体体现，是建立在高度数字化基础上的一种对人和物全面感知、施工技术全面智能、工作互通互联、信息协同共享、决策科学分析、风险智慧预控的新型施工手段。由终端设备将建筑实体及人、机、料、法、环等管理和生产要素进行泛在连接和实时在线，实现建筑数字化，为智慧管理奠定基础。借助物联网技术和云技术，终端设备数据实时上传建筑信息、项目过程和人员信息，实现以云技术为核心的平台化应用，支撑数字建筑的在线化。通过 Web 端和移动互联网实时全面感知施工现场数据，提高生产效率，管理效率和决策能力等，实现智慧化管理。

10.1.3 智慧工地让建筑施工现场变"聪明"

智慧工地通过各个现场应用端来系统地解决施工现场不同业务问题，降低施工现场一线人员工作强度，提高工作效率。这些系统着眼于施工现场的人、机、料、法、环五大要素的管理，囊括了现场人员管理、物料管理、施工安全管理、绿色施工管理、质量管理等管理单元。智慧工地实施过程中采用 RFID、定位跟踪、传感器、图像采集等物联网技术和智能化技术应用于施工现场关键环节，实现施工过程的智能感知、实时监控和数据采集；并通过物联网网关协议与各管理系统集成，实现现场数据的及时获取和共享，解决了以前通过人工录入带来的信息滞后和不准确的问题，提高了现场交互的明确性、高效性、灵活性和响应速度。以下是智慧工地五大管理系统的详细介绍。

1. 人员管理

（1）基于劳务实名制的管理系统　劳务实名制管理系统是利用物联网、互联网和云平台技术等实现对劳务人员进出施工场地进行实时实名制记录，在施工单位、劳务单位与劳务人员之间建立有效的管理平台，便于对劳务人员的考勤进行核实，为工资结算提供真实的考勤依据，保障劳务人员的合法权益，有效减少劳务纠纷。采用劳务实名制管理系统，劳务人员通过刷卡进出施工场地，管理人员可以通过门禁数据库统计到各工种有多少人，再比对作业面计划人数，及时了解用工缺口，及时调整计划，做好用工的补给。

（2）基于人员识别的行为记录系统　电工作业人员、起重机械作业人员、场内专用机动车辆驾驶人员、登高架设作业人员、垂直运输机械作业人员、安装拆卸工、起重信号工等都属于特种作业人员，这些工种都必须按照国家有关规定经过专门的安全作业培训，并取得特种作业操作资格证书后，方可上岗作业。在施工现场采用基于人员识别的行为记录系统可以防止出现违规操作、乱用器械等现象。施工升降机、塔式起重机、电箱等特殊器械均采用操作人员指纹识别或采用人脸识别方能起动机械的功能。操作人员每次进行指纹识别或人脸识别起动器械时，其操作的行为形成记录也将同步保存，以备后期调用。

2. 物料管理

根据物联网、大数据和 BIM 技术，结合电子标签（如 RFID、二维码等），对进场物资、机电设备、钢结构、预制混凝土构件等进行物料进度跟踪管理，管理人员能随时了解主要材料的进场情况。在机械设备管理方面，可以根据施工进度计划模拟，合理安排机械设备的进出场时间。当机械设备进场时，管理人员可以通过二维码附加的信息了解进场机械设备在建筑物中的位置和使用情况。当机械设备退场时，管理人员通过二维码附加的信息及时找到机械设备，以防丢失和损坏。对于在施工现场中必要的操作工具、小型施工机具、测量仪器等，使用人员通过扫码领取，使用完毕再扫码确认归还，当出现没有归还的工具时，可以有效追踪到具体的使用人员。

3. 安全管理

（1）VR 安全教育体验馆　BIM+VR 技术下的虚拟安全教育体验馆，可以将当前实际项目进行虚拟，通过在多维立体中的交互提供沉浸感的高端技术，在当前项目中的某个位置进行安全模拟，让人员直接在虚拟的项目中进行安全体验，VR 场景比较真实完整，体验感更强，教育体验效果更直接。同时，这种高科技体验也能激发工人参加安全教育的兴趣，强化工人对安全事故的感性认识。通过 VR 技术的应用构建出虚拟"智慧工地"场景，体验者进入虚拟环境可对细部节点进行学习，获取相关数据信息，进行项目设计，合理规划项目施工全过程，有利于在实际操作中进一步优化方案，提高施工质量。VR 虚拟环境中的模型样板由软件绘制，有效避免了由于实际操作差别带来的样板标准化的差异，同时避免材料和人工的浪费，符合绿色施工的理念。

（2）塔式起重机安全监控管理　通过对塔式起重机的高度、角度、回转、吊重、风速等进行传感设备的采集，结合地理定位系统与无线通信，实时将塔式起重机进行全程的数据传输与留存至远程操控平台及塔式起重机黑匣子上，可实时查看塔式起重机的黑匣子数据，也能查询历史数据，实现起重机械的备案、安装、使用、拆卸业务流程的管理和实时动态监控。通过塔式起重机防碰撞系统对塔式起重机的吊重和防碰撞距离进行预警值设置，可以有效地防止塔式起重机超重和碰撞情况的发生，以确保施工安全。同时，无缝对接塔式起重机的视频安全管理系统，通过对塔式起重机的实时监控，实现对吊钩的智能监控，360°的追踪拍摄可以随时监控各种危险状况隐患，尽最大可能保障工人生命安全。

（3）远程视频监管　目前远程视频监控已成为工地施工的标准建设之一，而在"智慧工地"中的远程监控通过互联网使建设单位、施工单位、监理单位、建设主管部门都可通过手机 APP 和 Web 端实时了解施工现场的进展情况，做到透明施工，实时全方位监管。

（4）其他监控　利用三维可视化模型，将有数据产生的地方都接入模型内，对需要进行重点安全监控的地方进行实时监控，全面保障安全施工。如大体积混凝土无线电子测温数据监测、基坑变形监测、高支模变形监测及周边跨越报警等。

4. 绿色施工管理

（1）扬尘降噪监测系统　在施工现场，针对土石方、爆破等扬尘、噪声污染较重的施工阶段或部位，设置扬尘、噪声在线监测设备，监测数据实时传送到终端设备，实现在线实时监测。同时安装智能控制喷淋系统，当扬尘数据超标时会自动触发喷淋或雾炮设备进行喷雾降尘。同时，可以实时采集有关监测数据，按需采集监测点影像资料，并开展大数据关联分析，为生态环境保护决策、管理和执法提供数据支持。

（2）标准养护室温湿度监控系统　标准养护室温湿度监控、预警系统通过在标准养护室内部放置温度传感器、湿度传感器、防水摄像头，对养护室内环境进行24h智能化监督，实现无须管理人员定时抄报环境数据的工作，将养护室内环境情况数字化、网络化，实现无纸化记录数据。同时，设置报警机制，当环境条件超标时可立即进行报警，实现多层级的联动管理；利用影像记录，将真实的环境情况进行存储，可以防止温湿度环境失控，并形成管理行为记录。

（3）能耗监控　通过在生活区、施工区设置水电消耗监控装置，将用电、用水情况实时监督，对于存在异常的情况进行报警，以便及时查找原因。在施工现场布置蓄水池，收集现场的雨水及施工降水。现场雨水通过雨水井过滤后，经雨水管道流入沉淀池，经过沉降、过滤后流入消防水池被再次利用，为现场消防、喷淋、绿化灌溉及施工生产用水提供水源。在节约用水的同时，还能通过对雨水的利用，减少施工场地的粉尘。

5. 质量管理

通过建设质量管理信息系统实现工程质量监管数据即时上传，实现项目监督管理、检查（随机抽查）记录、整改通知及回复等的全过程记录。目前已开发出手持终端应用APP，可实现计划跟踪考核、安全整改通知单下发、安全日巡检、质量整改通知单下发、实测实量数据现场填报及后台分析、进场物料验收管理，提高了安全、质量整改效率，能在施工现场快速发现问题、解决问题，整改痕迹会完整记录。

智慧工地是一种采用先进技术实现施工现场智能化管理的系统工程，是围绕项目全生命周期建立的一整套信息化系统和设施。它通过多种技术手段确保施工质量和安全。根据中国建筑协会的统计数据，在建筑行业应用智慧工地信息化系统可以显著提高施工效率和质量。具体而言，智慧工地信息化系统的应用可以使施工质量提高30%以上，同时可减少施工安全事故的发生率达50%以上。

10.2　智能施工与智慧工地装备

10.2.1　空中造楼机

空中造楼机是我国自主研发的设备平台及配套建造技术，是智能控制的大型组合式机械设备平台，质量优良、周期可控、成本经济、绿色环保的现浇装配式建造技术。该设备平台模拟一座移动式造楼工厂，将工厂搬到施工现场，采用机械操作、智能控制手段与现有商品混凝土供应链、混凝土高空泵送技术相配合，逐层进行地面以上结构主体和保温饰面一体化板材同步施工的现浇建造技术，用机器代替人工，实现高层及超高层钢筋混凝土的整体现浇施工建造。以下介绍中国建筑集团有限公司（以下简称中建）研发的三款空中造楼机。

1. 中建三局研发的"空中造楼机"

空中造楼机（图 10.6）外形看起来是一个红色幕布包裹的大平台，环着大楼一圈，内部则形成一个封闭、安全的作业空间，工人在造楼机内进行各个模块施工。造楼机与楼体通过一个个提前布好的支点连接。一层楼建造完成后，工程师在控制后台进行操控，"空中造楼机"整体顶升，以便工人继续往上建楼。空中造楼机具有施工速度快、安全性高、机械化程度高、节省劳动力等多项优点。

图 10.6　空中造楼机

2. 中建三局研发的"住宅造楼机"

"住宅造楼机"是一款新型轻量化造楼机（图 10.7），以 300m 以上超高层公用建筑"空中造楼机"为基础，历时 2 年研发、改进，融合了外防护架、伸缩雨篷、液压布料机、模板吊挂、管线喷淋、精益建造等功能，是具有结构轻巧、适用性广、承载力大、多级防坠等特点的全新装备。

图 10.7　住宅造楼机

"住宅造楼机"一次性可覆盖5~8个结构层,当外架上部正在施工主体结构时,外架底部可同时穿插装修等多工序作业,变成一个可随结构自主长高的空中移动工厂,大大缩短建设周期。

"住宅造楼机"利用钢平台走道形成13个4~8m宽的单元洞口,每个洞口安装可伸缩雨篷,平时施工时,可开启雨篷吊装材料;暴雨天气来临,可以随时关闭雨篷遮雨;高温天气下,可以关闭雨篷并开启喷雾装置进行降温(图10.8)。

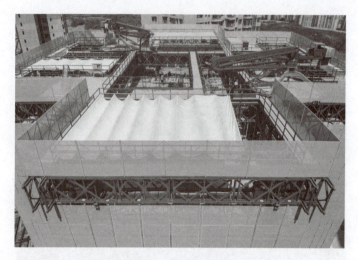

图 10.8 雨篷伸缩遮阳

无论刮风下雨、艳阳高照,作业层内均可提供全天候封闭作业环境,为工人提供更加舒适、人性化的作业环境,基本达到现场施工"风雨无阻"的条件,形成"全景式空中生产线"(图10.9)。

图 10.9 住宅造楼机内部作业环境

全新的"住宅造楼机"在硬核功能方面比以往有了许多新探索和突破,相比以往技术施工方式,其适应性更强、集成度更高、速度更快、质量更优。

1)"住宅造楼机"采用轻型外墙支点,可对不同结构体系灵活选择支点位置和布设平台,运用于不同的住宅结构施工中。设备材料大多采用装配式节点设计,回收周转率达90%以上,在下一次投用时,只需增加少量非标准化构件拼装即可,转用率更高,产业化推广前景值得期待。

2)"向上爬楼"方式也发生了不小变化,由以往"攀岩式"大功率、长行程顶升,变成了小油缸"阶梯式"短行程顶升,项目实现了造楼机80~90min顶升一个作业层高度,施工速度最快可达3天一层楼,相比以往提速不少。

3)实现了更高的集成程度,首次实现了顶部雨篷设备、外围竖向模板、布料机的一次性整体爬升,还可将操作架、模板、工机具、配电箱等布设于平台内,实现同步提升,减少物料周转,为作业工人减负,大量节约人力成本,使用更方便。

4)在智能化方面,住宅造楼机可通过位移传感器将实时数据反馈到控制中心,实现系统自动纠偏,安全性更高。看似庞大复杂的设备系统,只需要1名管理人员在控制室一键启动,5名工人做安全巡视即可,大幅节省了劳动力(图10.10)。

图10.10 住宅造楼机控制室

"住宅造楼机"适用于普通超高层住宅、公用建筑领域,如住宅、办公、酒店等工程。相比传统爬架,"住宅造楼机"一次性成本虽有所增加,但分摊成本优势十分明显,在国家推进城镇化进程中,中心城区用地紧张,超高层住宅建筑越来越多,采用住宅造楼机建造技术更加符合行业的未来发展。

3. 中建七局研发的"自动化装配式建筑空中造楼机"

"自动化装配式建筑空中造楼机"施工装备集预制构件取放、吊运、调姿就位、接缝施工于一体(图10.11),具备自动化、数字化、模块化、平台式,施工效率可提高15%,减少用工50%以上,实现了建筑施工高效机械化,达到了综合工序施工智能化,装配式建筑施工方式将实现重大变革。

"自动化装配式建筑空中造楼机"施工装备首次研发构件自动调姿控制技术与装置,具备构件六自由度精确就位自动调整功能,有效提高了构件安装精度、装配质量和作业效率

（图 10.12）。该施工装备具有构件多功能定位支架技术与具备可调、校正、临时固定功能的装置，实现竖向构件高精度可靠固定，保障施工安全。同时，具有构件自动取放技术与装置，具备构件自动摘挂钩功能，无须人工高空作业。构件垂直度自动监测技术与装置，具备构件垂直度实时监测功能，降低劳动强度并保障施工安全。

图 10.11　自动化装配式建筑空中造楼机

图 10.12　六自由度吊装装置

10.2.2　建筑施工机器人

建筑机器人按照建造阶段可以分为设计、施工、运维、拆除四个阶段的建筑机器人（图 10.13）。施工阶段的建筑机器人又可以根据具体施工场景和施工工艺分为诸多细分领域，包括实测实量、钢材预制捆扎、基坑施工、墙体筑造、墙体喷涂、打磨、地砖墙砖铺设、地面平整、辅助搬运、进度监测等。

智博林公司研发并投入使用的三款建筑机器人介绍如下：

建造阶段		应用场景	功能特点	机器人形态
设计阶段		勘察测量	智慧测绘机器人、设计机器人或软件系统，可为建筑工程师提供设计前期勘察方案、自动建立3D图样、全方位和精准的建筑模型，有效提高建筑设计效率和品质	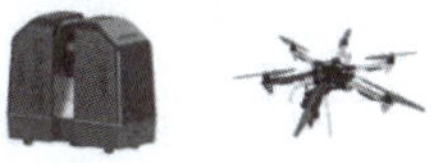
施工阶段	工厂预制阶段	钢材、木材等预制	根据BIM+机械臂/龙门架+捆扎/焊接/切割执行器组合，协同预制工厂、施工设计和现场进度，进行钢材、木材等建材预制	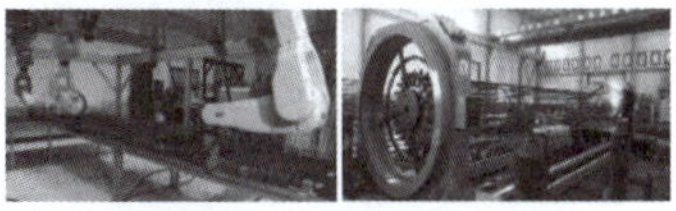
	现场施工阶段	基坑建设	通过BIM+自动化放线、挖掘、开槽机等设备，实现精准度高、一致性好的基坑作业	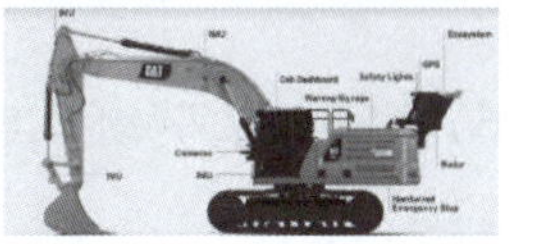
		墙体筑造、喷涂	通过BIM+压模版/机械臂/无人机/爬壁机+喷头/打磨头/传感器等组合实现墙面砌砖、抹灰、喷涂、打磨等作业	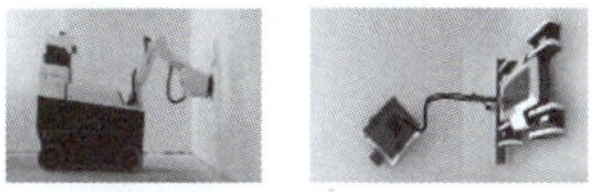
		墙砖铺设、磨平	利用BIM+移动底盘+抓取单元+抹水泥执行器等组合，自主规划路径，铺设地砖、墙砖，通过震荡模组+移动机器人实现地坪整理	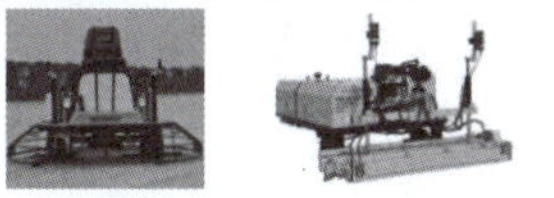
		3D打印建造	利用3D打印技术和建筑材料创新，通过机械臂+打印喷头的模式，根据CAD设计一次建造成型，可实现传统建筑工艺难以实现的建筑设计，且节省建材	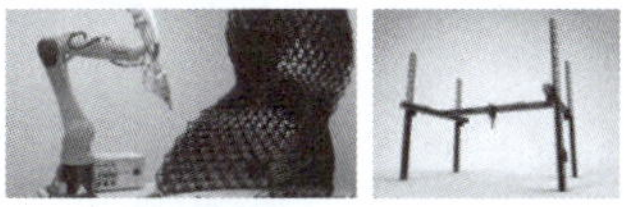
		辅助搬运、举升设备	利用AGV/AMR/无人叉车+自动升降机/搬运设备等组合，根据施工进度安排智能化实现物料搬运，通过小型自动脚手架、外骨骼机器人协助人工提举重物、安装辅助	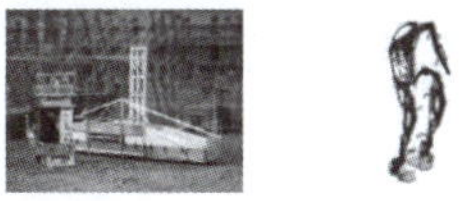
		施工进度监测	通过移动机器人/四足机器人/无人机/穿戴设备+3D激光设备、摄像头组合，实现对施工现场安全检测、施工进度管控、以及施工质量检测	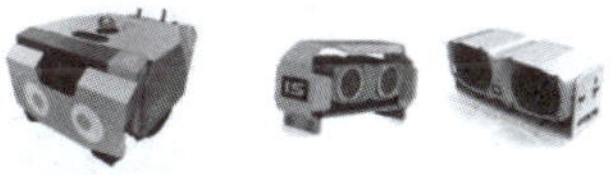
运维阶段		检修维护	利用移动机器人+传感器对建筑进行安全巡检、维护	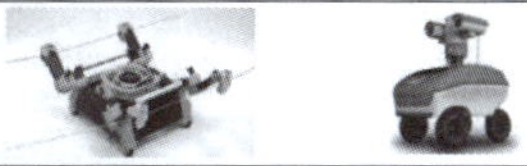
拆除阶段		拆除回收	通过遥控机械设备自动规划拆除方案、执行安全拆除任务，避免操作人员现场作业；利用流水线+视觉传感器+机械臂组合对建筑废弃物进行筛检回收	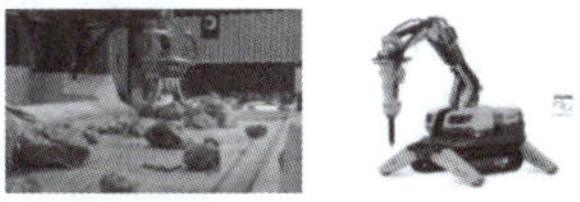

图 10.13　建筑机器人按照建造阶段和工艺场景分类

1. 测量机器人（图 10.14）

一款用于施工实测实量的建筑机器人，采用先进的 AI 测量算法处理技术，通过模拟人工测量规则，使用虚拟靠尺、角尺等完成实测实量作业，具有高收益、高精度、高效率和智能化的特点，自动生成报表，测量结果客观准确，综合工效为 2min/站点，测量效率较人工提升 2～3 倍。

2. 地面抹平机器人（图 10.15）

地面抹平机器人采用差速履带底盘和轻量化机身，加上尾部的振捣系统，配合高精度的激光测量与尾板实时标高控制系统可实现高精度地面施工，适用于住宅楼面、仓库、地库、厂房、机场、商场等需要做混凝土高精度地面施工的场景。相比传统施工方式，使用该设备具有以下优势：

1）安全环保。噪声低，环保施工。

2）高效率。相对于传统人工，施工效率提升30%以上。

3）高收益。相对于传统人工，施工收益提高31%以上。

4）高质量。平整度误差更小，裂纹减少，地面更加密实均匀。

5）智能化。自主开发的 GNSS 导航系统，集成智能运动控制算法、操作更平稳、控制更精准。

6）降低工人劳动强度。自动化程度高，工人的劳动强度降低。

图 10.14　测量机器人

图 10.15　地面抹平机器人

3. 螺杆洞封堵机器人（图 10.16）

传统螺杆洞封堵施工环境复杂，人工作业使用工具较简陋，封堵质量及一致性存在较大的不可控因素，作业效率偏低。室内高于 2.4m 的螺杆洞封堵的人工作业需要使用脚手架或站在飘窗处作业，存在较大的安全隐患。螺杆洞封堵机器人能够通过视觉识别墙面孔洞的位置，配合自研的砂浆封堵工艺系统，完成孔洞封堵。采用室内机器人施工和外墙半自动电工工具组合配套的施工方式，相较于传统人工具有更高的效率及封堵质量。

图 10.16　螺杆洞封堵机器人

相比传统施工方式使用该设备具有以下优势：

1）高质量。机器人施工的合格率达到 99% 以上。
2）安全性。减少了工人高空作业的风险。
3）降低工人劳动强度。自动化程度高，工人劳动强度降低。
4）降低风险。工艺固化，有效解决隐蔽工程（孔洞封堵）质量风险。
5）高收益。配合混凝土天花打磨、混凝土内墙面打磨机器人一起施工只需 4 人/（层·天）。

10.2.3　3D 打印建筑

3D 打印是一种将材料逐层堆积并黏合成实体的快速成型技术，由于其层层叠加的加工特点又被称为增材制造。该技术诞生于 1984 年，经历了几十年的迅速发展，3D 打印渐渐进入了我们的日常生活，目前已被广泛应用于医疗、建筑、生物、食品、服装设计、文物保护等领域。3D 打印建筑技术最早是美国学者 Joseph Pegna 提出的，它是一种按照预先设计的建筑模型和程序，用特制的打印"油墨"（一种建筑材料）通过机器设备智能"打印"出来并逐层累加，从而达到建筑建设标准且具有实用功能的建筑技术。与传统建筑工艺相比，3D 打印建筑技术具有满足复杂多样化的建筑外形、施工周期短、施工安全、节约劳动力、降低成本对环境友好等优势。3D 打印技术的引入，把建筑业带入了数字领域，它将建筑设计、施工、项目管理、装备、新型材料、应用融合等综合为一个新的体系，可快速建造出各种传统建筑工艺不易建造甚至无法实现的新型建筑结构。

本节结合 3D 打印建筑技术进展，介绍 3D 打印在建筑设计与施工、项目管理、建筑装饰装修和古建筑修复等领域的典型应用，并指出 3D 打印今后在建筑行业需要面对的挑战。

1. 建筑设计与施工

对于建筑师来说，3D 打印最大的优势是它可以创建复杂外形的建筑。例如，逐步成熟的非线性建筑，依靠其自由多变的外形特征使城市焕发了新的活力，但是非线性建筑复杂的外形使得施工中定位、模板安装、模架搭设存在很大困难。3D 打印建筑的兴起和云计算的到来，鼓舞着勇于创新的建筑师们继续进行非线性建筑的深化应用，为自由建筑外形的进一步发展提供了便捷条件。

（1）装配式打印　预制装配式的 3D 打印建筑是预先在计算机中将三维建筑模型按照不同的结构或受力情况划分成多个部分，在工厂分别打印完成后再运至现场组装。与传统预制装配式建筑不同的是，预制板可以直接打印出不同的肌理而不需要后期美化加工，给建筑外观带来了新的可能。

2021 年 8 月，位于荷兰埃因霍温（Eindhoven）的 3D 打印房屋迎来了第一批租户。这是 5 栋独立的单层出租房屋，外形看起来像一块大石头，使人眼前一亮。房屋建筑面积 94m^2，有宽敞的客厅、两间卧室，首先在工厂逐层打印 24 个混凝土部件（图 10.17），然后将打印好的部件通过卡车运到施工现场装配，最后安装屋顶和窗框并完成整栋房屋的建造（图 10.18），房屋的家具和装饰依然采用传统施工技术。3D 打印混凝土房屋有超厚的隔热层，并且与城市供暖系统相连，非常舒适且节能。

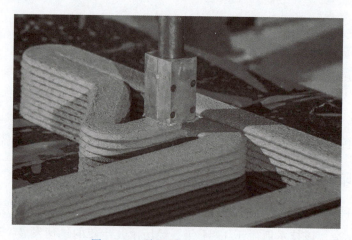

图 10.17　埃因霍温 3D 逐层打印

北京华商陆海科技有限公司推出了龙门式建筑 3D 打印机，既轻便又便宜，适用来建造数字化设计、工厂化生产、装配式组装的 3D 装配式建筑。其施工过程不受季节影响，需要的建筑工人数量很少，建筑质量得到提升的同时还大大缩减了施工周期。与传统"装配式建筑"将事先做好的梁、板、柱、墙等建筑构件在施工现场进行搭积木式拼合的产业模式不同，华商陆海 3D 装配式建筑主要是基于 3D 打印建筑技术，以"单体建筑"为单位在工厂进行定制化打印（图 10.19），最终在现场装配而成，解决了传统"装配式建筑"墙面开裂、板材拼接缝隙不均、隔声效果不佳、保温隔热效果差等难题。

图 10.18 埃因霍温 3D 打印建筑外观

图 10.19 华商陆海 3D 装配式建筑的单体建筑

(2) 整体式打印 不同于装配式的 3D 打印建筑技术，整体式打印不需要在工厂里打印好独立的构件再运到建筑基地进行组装，而是直接在现场建造，整个建筑用打印机在原点一次性打印建造完成。2017 年，俄罗斯建造了一座占地 $37m^2$ 的房子（图 10.20），只花了不到一天就建造完成，成本 7 万多元人民币。它是由旧金山 ApisCor 公司生产的圆形 3D 打印机建造完成（图 10.21）。这款紧凑型的 3D 打印机便于运输，它有一个旋转底座和起重机般的机械手臂，底座部分用于存储、供应原料，360°旋转的活动手臂负责搭建，因此可以实现比自身更大的打印尺寸。

北京华商陆海科技有限公司从 2016 年的以钢筋混凝土为原材料的"现场整体打印"的示范建筑，到 2018 年打印的正式商用建筑"新温莎城堡"（图 10.22），展示了我国 3D 打印建筑技术的快速发展。"新温莎城堡"面积超过 $600m^2$，是由华商陆海自主研发的建筑 3D 打印机完成的，在不到 2 个月的打印工期内，建筑 3D 打印机喷射出超过 500t 的混凝土，实现了风格迥异的多层建筑的现场整体打印。

图 10.20　ApisCor 打印建筑的外观

图 10.21　ApisCor 打印工作场景

图 10.22　"新温莎城堡"建筑外观

2019 年 11 月，中建股份技术中心和中建二局华南公司联合完成了一栋高 7.2m，总面积 230m² 的双层办公楼的打印（图 10.23）。打印设备由中建机械公司设计制造，打印材料、设备、工艺及控制软件均是自主开发，利用计算机智能控制，全部使用机械自动化操作，可以做到 24h 不间断打印，主体打印只需 3 天，节约材料超过 60%，建好的房屋寿命可达 50 年。打印出的中空墙壁还可以填充保温材料，以达到节能降噪的目的。

图 10.23　原位打印的外观

2. 建筑装修与装饰

3D 打印技术可以建造一些形态复杂的产品，使造型艺术不再受限于制造技术，促使设计师将设计重点更多地放在产品的外观创新上，表达其天马行空的思路。目前，一些 3D 打印产品设计网站的出现，客户可以很方便地与设计师沟通后购买个性化设计，使客户自由定制建筑内装饰装修产品。由于打印室内装饰使用的材料性能要求（如强度等）比建筑主体低，能更好地展现出 3D 打印技术在复杂曲面造型中精细、高效、低成本的特点。

法国设计师 François Brument 与 Sonia Laugier 的作品"Habitat imprimé"以一种全新的思维突破了传统的室内设计（图 10.24），依据不同家具和设备衍生出变化的墙壁厚度，通过不同材料（塑料、混凝土、砂石）打造出一个与众不同的个性化空间，或许将成为未来小户型装饰装修的另一种发展趋向；上海东海广场 SOHO 售楼处室内装饰和一体化完整家居打印的自由曲面则处处散发着科幻的气息（图 10.25）。

图 10.24　"Habitat imprimé"室内设计

图 10.25　上海东海广场 SOHO 室内 3D 打印装修

除了现代化的装饰与装修，3D 打印技术对于传统建筑装饰技能的保留与传承也起着积极的推动作用。现今传统工艺技术的学习传承者越来越少，以致木雕、石雕等很多传统技艺在流失，据许飞进团队考察，现存的乐平雕刻工匠正趋于老龄化，年轻的传承人严重缺乏；另外，大部分工匠技艺不传外姓徒弟的传统方式增加了技艺传承断层的危机。于是，研究者借助红外线扫描并建模的技术储存下数字化的雕刻数据，最终建立数据库加以整理和保存，从而将高超的传统技艺留存下来，需要时再通过 3D 打印的实体模型来学习制造。此外，刘新业等人依照影像数据采集、数字建模、修复模型细节、场景渲染的步骤对沈阳北塔建筑纹饰进行了修复，最终通过 3D 打印技术实现了纹饰的复原，为展现地域文化带来了可行的新模式。值得关注的是，在古建筑建造和保护的研究中，通过红外线扫描技术进行古建筑数字化建模，建立古建筑常用的 3D 构件库并进行 3D 打印的技术已在古建筑装饰构件的替换中取得突破，但在受力复杂的梁柱构件上进行替换还在试验中。

10.2.4　"云监理"智慧平台

智慧监理云平台是由中国煤科武汉设计院自主研发的三维数智化项目管理平台，现已正式应用于国家华中区域应急救援中心建设项目（图 10.26）。

该平台主要利用物联网、空间定位、移动通信、云计算、大数据和 AI 等技术，基于"云+端"架构的综合管理平台，构建起一个工程监理"大脑"，实现了对工程项目建设全过程的智能感知、动态管控。平台具有成本管理、质量管理、进度管理、安全管理等七大功能模块，每个模块都通过流程再造和系统深度融合，形成信息高度统一、业务深度协同的智慧监理体系。平台作为数字化管理后台，还可实时接入监理工作现场各类智能设备，进行精细化的数据采集和智能分析，衍生出一系列智能应用，实现了对项目情况和监理工作的"全天候、全方位、全过程"管控（图 10.27）。

第10章 智能施工与智慧工地

图 10.26　国家华中区域应急救援中心智慧监理云平台界面

图 10.27　智慧监理云平台接入现场视频监控

在国家华中区域应急救援中心建设项目应用中，智慧监理云平台搭载了智能安全帽，能够对佩戴者所处的现场情况进行实时数据收集、定位追踪、智能统计、筛选分析，对项目现场的实时画面进行 AI 分析，做出不安全行为的预警。管理人员可通过手机或计算机对佩戴者进行实名管理、数据共享、考勤统计和远程协助等精准高效的远程管理。"智慧监理云平台+智能安全帽"系统的投入使用，实现了人、机、物的互联互通，不仅保证了现场监理人员的安全作业，也为管理人员提供了更加科学的管理数据和决策依据，大幅提升了项目监理的信息化、智能化、精细化管理水平。

10.2.5　多脑协同智能施工平台

S21 阿乌高速公路铺设工程在北斗卫星技术辅助下采取了无人驾驶的施工机械集群

（图10.28）。无人驾驶施工机械集群集成了沥青摊铺测厚雷达系统、北斗定位系统、360°环视全景监控系统、数字化施工系统、雷达防撞辅助系统、新型振动式撒油技术和摊铺机无线遥控技术。阿乌公司应用北斗卫星的高精度定位技术，结合施工工艺及现场管理需求，形成远程可视化管理成套技术，通过记录施工碾压设备数据，实现现场动态质量智能监管。S21阿乌高速公路工程施工全面提高项目管理标准化、精细化、信息化、科技化、智慧化的管理水平，推进专业化、装配式工业化施工水平，探索出了多项适用于沙漠高速公路建设的技术和设备，推动打造多脑协同智能施工平台的建设。

图10.28 无人驾驶施工机械集群

2021年12月30日，广东博智林机器人有限公司（以下简称"博智林"）在汕头金平项目首次完成"BIM+FMS+WMS+建筑机器人"多机施工系统的验收，共有8款施工机器人、6款运输及上料机器人、5款集中工作站开展多机协同装修施工作业。这意味着，博智林已经能够在特定施工阶段通过科学铺排施工工序，让多台建筑机器人像流水线一样进行自主施工作业，向着智能建造目标又迈进了一大步。

"BIM+FMS+WMS+建筑机器人"多机协作系统可以简单理解为，搭建了一个BIM（建筑信息模型）协同平台，将规划的核心内容派发给FMS（机器人协同管理系统），WMS（仓储管理系统）提供物料支持，在这三大系统协同的基础上，建筑机器人在各个作业区完成智能化流水线高效施工。

BIM协同平台就是一个功能强大的智能施工任务规划中心，由博智林自主研发，规划的核心内容包括两方面：建筑机器人如何施工、相关物料如何保障，这两者的详细信息都会纳入工单派发给FMS。

结合具体案例来看，博智林BIM协同平台首先结合汕头项目的主数据，生成定制化BIM模型地图，提供给路径规划系统，规划出机器人施工路径；同时，BIM材料算量系统根据预先设定的规则，匹配商品库后推送至BIM计划排程系统，将施工计划与材料用量相关联，最终BIM协同平台形成机器人施工工单，下发至FMS。至此，机器人施工需要配备的产业技师、建筑材料、建筑机器人设备等资源信息均提前实现了在线策划，智能建造完成第一步：智能规划布局。此后，工作任务交到了 FMS 系统的手上，主要负责对机器人的管控和任务调度。FMS 系统在接收到工单后，会根据 BIM 数据生成并下发作业路径给相应的机器人，有序统筹机器人开始作业，并全程监控作业过程。与此同时，FMS 系统还通过智能调度算法同步派发工单给 WMS 系统进行物料调配，以满足机器人施工需要。整体施工完成后，系统还能及时反馈工单完成状况和实际用料情况给回上游系统，实现工单和物料的双闭环。

汕头项目现场的施工管理大屏能够实时清晰地呈现 8 台施工机器人在不同作业面的施工情况。通过大屏，项目管理人员可以实时监控建筑机器人施工状态和作业位置、作业进度、物料用量等，施工进度的全局统筹十分便捷、高效。

如果说 FMS 系统是"首席指挥官""最强大脑"，WMS 系统则是"首席物流官"和"物料管理大师"，可实现物流类机器人全自动调度、智能电梯自动控制、物料消耗的精确管理与数据化监控，如它对工地物料消耗的管理可以精确到任一楼栋、楼层、户型，使用了多少涂料、多少块瓷砖。在工序执行的全过程中，WMS 会全程实时监控物料的出库、运输和数据反馈，使物料数据与 BIM 协同平台做出的计划相匹配，实现智慧工地物料系统闭环。

在三大系统协同的基础上，建筑机器人在各个作业区完成智能化流水线高效施工。例如，在墙砖铺贴机器人工作面，产业技师协助机器人加注瓷砖胶，上砖机器人自主完成加砖；随后产业技师在平板计算机上选中作业区域，一键下发指令，机器人迅速前往指定位置，进行自主铺砖施工作业，作业完成后还即时反馈工单至计划排程。

10.3　智能施工与智慧工地项目典型案例

10.3.1　"物联、数联、智联"三位一体的新型智慧城市

济南市城市运行管理服务平台按照"1+1+7+N"总体架构建设。纵向做到国家、省、市、区、街、居六级联通，横向与 26 个市直部门和 359 个区直部门、街办联动，初步实现城市管理问题"一支队伍巡查、一个中心受理、一套机制运行、一图指挥调度"。

平台汇聚了市住房和城乡建设局、市生态环境局、市交通运输局、市水务局等 15 个城管领域相关部门的业务数据，共建成数据库 27 个，总数据量 1.8 亿条、6TB；整合接入各级城管信息化系统、同步接入相关部门信息化系统共计 50 余个（图 10.29），各类城市监控视频 1.1 万余路，为城市精细化管理提供数据资源支撑。

运用数字化手段推动城市治理的共建共治共享，通过"济南掌上城管"小程序，以及"随手拍""便民地图""门前五包"等多个应用小程序，为市民提供各类便捷服务，畅通市民参与城市管理的渠道，营造城市管理全民参与、共治共享的氛围。

通过城市运行管理服务平台建设，济南城管系统积极引入大数据、物联网、人工智能等高新技术，推动智能化发现能力建设。目前已打造出以"智能案件分拨""智能巡检车""智能无人机""智能视频识别""智能城市监控"等一批智能化场景和以各类物联感知设备为支

撑的智能化发现新手段,"智能+主动"发现体系正在发挥越发重要的作用。同时,平台引入了智能立案、智能分派、智能核查技术(图10.30),进一步优化案件运行流程,实现自动分拨派遣、智能协同反馈,自动派遣率已达80%以上。济南市的城市管理问题智能化发现占比,已从2020年的0.02%,逐步跃升到2023年的20.48%。

图10.29 济南市城市运行管理服务平台的应用系统界面

图10.30 指挥调度中心显示大屏

在济南市城市运行管理服务平台的支撑下,济南城管打通城市治理"最后一公里",以精细化管理助推城市"颜值"品质双提升,托起市民满满的幸福感、获得感。

近年来,随着"数字中国"战略的深入推进,一方面对数字政府、数字经济、数字社会等领域的覆盖广度与渗透深度在快速加强,另一方面云计算、大数据、物联网、人工智能、区块链等新一代信息化技术的水平能力也在极速提升。"十四五"时期,以全面数字化转型为驱动,我国城市化进程已进入新型智慧城市建设阶段。未来 30 年,发展压力与发展动力多要素共同作用下,以第四次工业革命为契机,以数据作为关键生产要素大力发展数字经济为目标,将共同开启智慧城市高质量发展的新篇章。

10.3.2 "互联网+"思维在建设工程建造阶段的方式融合

互联网技术是继造纸和印刷术发明以来,人类又一个信息储存与传播的伟大创造,称为第五次信息革命。现代互联网技术的迅猛发展和互联网的普及,多媒体数据库和电子商务等以通信技术和计算机技术为核心的现代信息管理科技成了项目管理工作的中流砥柱,也正因为如此,互联网技术也为建设项目管理的规划、设计和实施等各阶段,提供了焕然一新的信息管理理念和解决问题的方案和手段。

1. BIM 技术在互联网上应用发展成熟

BIM 技术是对于一个建筑工程项目的物理和功能特性的数字化表达,一个信息共享的平台;一个实现建设工程全生命周期的信息过程;一个实现建设项目不同阶段信息插入、提取、更新及修改的协同化作业平台。BIM 技术具有可视化、协同性、模拟性、关联性和一致性的特点。BIM 技术的发展推广带动了建筑行业革命性的发展。现在 BIM 技术之"势"、BIM 建设之"道"和 BIM 应用之"术"借互联网技术已逐渐延伸到"BIM+"发展成 BIM+智能设备、BIM+物联网、BIM+VR 等。

京张高铁八达岭长城站研发了基于掌子面自动化素描系统的定量化超前地质预报技术,实现了掌子面地质信息智能图像预报与围岩精准分级;应用 BIM 技术搭建了多专业协作的同一平台(图 10.31),实现了真正意义上的三维集成协同智能设计;构建了实时人机定位管理系统(图 10.32),实现了复杂地下车站人流、物流的高效协调和智能施工;采用了隧道结构安全智能监测系统,对围岩和支护结构的力学状态进行全生命周期的实时监测。八达岭长城站智能施工技术的成功应用,极大地提高了隧道机械化、信息化、智能化建造水平,提升了隧道的施工水平和综合管理能力。

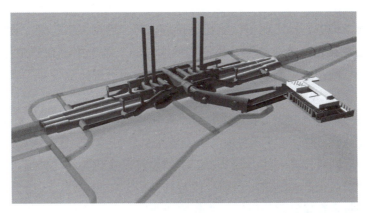

图 10.31 八达岭长城站整体 BIM 模型

图10.32　八达岭长城站智能化定位和施工组织管理平台

2. 互联网技术与建筑工程融合，产生的智能化、智慧化建筑，并得到极大的创新和发展

智慧建筑是集现代互联网技术之大成的产物，把"互联网+"理念植入建筑工程，为智慧建筑大厦的构建提供了无限的可能。现在从国家层面到各地，均已把智慧建筑纳入智慧城市建设的高度予以重点推广。目前，我国智慧建筑市场产值已超过千亿元，并且正以每年20%~30%的速度增长，未来市场可达数万亿元。

上海龙信中心将采用智能外遮阳系统、智能照明系统、空气品质监测系统、能效管控系统、智慧消防系统、智慧办公系统、智慧梯控、绿色与健康性能动态运维评估系统、BIM技术全过程应用、可视化运维等智慧化设备措施，将智慧、绿色和健康三者有机结合，满足人员对于健康、舒适、便捷办公空间的需求。同时，中心将最大限度提升施工过程的智能化水平，将智能检测、信息化管理、智慧监控等系列措施应用于施工过程中，进一步确保工程质量与安全。此外，中心还将提供与智慧城市的接口，除了对接智慧公安、智慧消防等，还将对接城市CIM平台、建筑能耗大数据平台、建筑景观亮化控制系统等，与智慧城市实现数据的互通，助力实现上海"一网统管"，使中心大楼真正成为上海智慧城市的有机组成部分。

建成后的上海龙信中心将实现超低能耗运行，同时，借助人工智能、物联网、移动互联网、数据分析等信息技术，进一步提升用户的使用体验。基于中心在门禁控制、停车管理、空间管理等方面采取的智慧化技术，实现无感通行、空间可视化管理等，大大提升员工的工作效率。

3. 在互联网基础上发展的大数据、物联网、云计算等技术，催生出一批具有核心竞争力、资源集约、环境友好的可持续发展的先进建筑企业

这些企业在互联网科技进步的引领下，以新型建筑工业化为核心，通过信息化与工业化的深度融合，对建筑业全产业链进行更新、改造和升级，并向"精益、智慧、绿色"的方向转型升级。互联网技术在建筑业的应用，使各游产业链上的先进企业由传统粗放式的高速增长阶段，进入高效率、低成本、可持续的中高速增长阶段，由管理粗放、效率低下、浪费较大、能耗过高、科技创新不足的传统企业实现了企业的技术、管理、体制和机制的新跨越。

广东开春高速公路施工项目为了提高路面施工质量与管理效率，研发和应用了沥青路面智能施工监控系统，有效地提升了高速公路的建设水平。沥青路面智能施工监控系统基于"物联网"技术，在沥青混合料拌和楼、运输车、摊铺机、压路机上安装数据采集设备，构造了一个覆盖路面施工全过程的网络。沥青路面智能施工监控系统包括拌和、运输、摊铺、碾压四个子模块。

4. 在建设项目的经营、管理、设计等方面，互联网技术成为了工程管理中的核心工具

各种管理软件及企业和政府监管行政机关集成的建筑管理系统的应用，提高了业务流程的效率，通过对内外部信息进行收集、加工、传递和利用，辅助保证各系统的有效运行。

中铁四局集团研发的智慧建造平台，构建了"一平台、多系统"的应用模块，实现了数据智能采集、实时传递、智能预警。平台基于视觉识别技术研发了劳务实名制管理系统，可有效解决工程现场人员管理等难题；基于姿态数据的工作状态判定方法，研发了工程设备物联网系统，实现了工程机械智能化管理。平台有利于提高工程项目施工效率、管理效率和决策能力，提升项目管理水平，实现工程项目的智慧化、精细化、智能化管理。

10.3.3 "互联网+智慧工地"的新基建和新型建造方式

"互联网+"推动建筑业转型升级。"互联网+智慧工地"是建筑业利用现有的成熟技术走智慧化发展的重要载体，有助于解决当前建筑工地现场管理存在的诸多问题，实现由传统粗放式管理到数字化、智能化高效管理的转变。通过物联网、云计算等技术的综合应用，让施工现场具备感知功能，实现数据互通互联，达到工地的智能化管理；基于信息化、可视化、智能化的管理模式，实时监控施工现场的各个要素，根据施工现场的实际情况进行智能响应，最终实现工地管理的智慧化。

湖南省已建立智慧工地监管平台，实现对建筑工地监管的体制机制创新，进一步提高监管能力和监管水平。在湖南省住房和城乡建设厅的主导下，湖南省对于智慧工地管理平台的建设已形成初步架构，下一步将继续将其建成并完善，计划打造示范工地的重点项目。将智慧工地监管平台运用在工程项目，并将其在全省推广，从而推动智慧工地的发展。

1. 湖南省智慧工地主要建设内容

湖南省智慧工地云平台主要服务于省内施工项目、施工企业和建筑行业，云平台整体建设分为项目级、企业级和行业（政府）级三个层级。

项目级 B/S 架构按"5+X+PM"进行部署（图10.33）。"5"即基础平台五个必选模块，包括质量管理、安全管理、人员管理、环境管理、设备监测（包含视频、塔式起重机、升降机监测）；"X"即基础平台可选模块，如物料管理、安全教育、移动巡更等系统，各项目或企业根据需要进行选择；"PM"即PM项目管理平台。

企业级通过平台汇总企业所属项目的监测数据（包括人员、环境、设备），并对数据加以处理，以图表形式推送至企业管理层。同时，企业管理层也可以查看单个目标项目的人员、环境、设备、质量安全等数据，加强企业对项目的管控能力。

行业（政府）级围绕建筑工地智慧监管的总体目标，利用现代信息技术建设湖南省建筑

工程监管信息平台，同时制定智慧工地监管平台相关规划和设计、管理制度和技术标准等。从平台获取海量数据，通过汇总海量信息进行大数据分析，筛选出关键数据，结合排行创建预警机制，以图表形式按排行进行推送，为行业管理及决策提供数据支撑，进一步提升监管能力和监管水平。

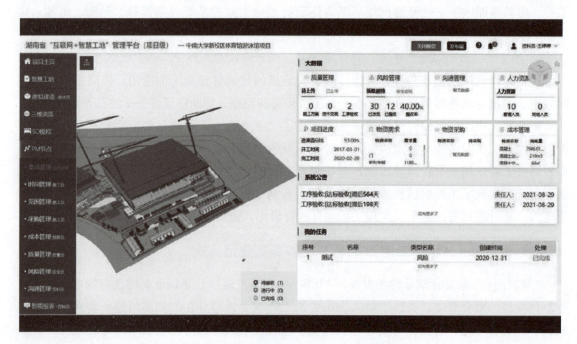

图 10.33 项目管理平台——集成管理

2. 湖南省智慧工地主要功能

通过运用物联网、大数据、云计算、BIM 等技术，搭建由劳务管理、质量安全数据预警、施工现场视频实时监控、重大危险源和文明施工监控等板块构成的模块化、一站式的信息化管理平台。该平台可实现施工现场数据采集、数据综合统计及分析、手机 APP 应用等，现场数据分层次呈现给施工现场项目部、建筑企业、政府主管部门及监督机构等，以进行决策参考。

湖南省"互联网+智慧工地"由三个级别的平台组成，分别为项目级、企业级和行业级（图 10.34）。

项目级平台由三大平台组成，分别为 PM 项目管理平台、哲匠助手和 5+X 物联网模块。其中 PM 项目管理模块按照项目管理的七大关键岗位进行功能划分，依照岗位职责分别对集成、范围、时间、成本、质量、人力资源、沟通、风险、采购九大要素进行管理。哲匠助手的功能主要是针对技术人员，包含对项目的质量管理和安全管理功能。5+X 物联网模块分为必选模块和可选模块。必选模块即基础功能，包含人员管理、环境管理、视频监控、塔式起重机监测和升降机监测功能。可选模块即自由选择的功能（X），包含物料管理、安全教育等系统。

企业级平台主要服务于建筑施工企业。通过采集的项目基础数据、抓取的工人实名制信息、收集的工程质量不合格数据、采集的安全生产标准化及质量管理考评等数据，与项目级平台抓取的数据进行汇总分析，在智慧工地云平台企业级进行展示（图10.35），用于提高建筑施工企业信息综合分析能力及调度指挥效率。

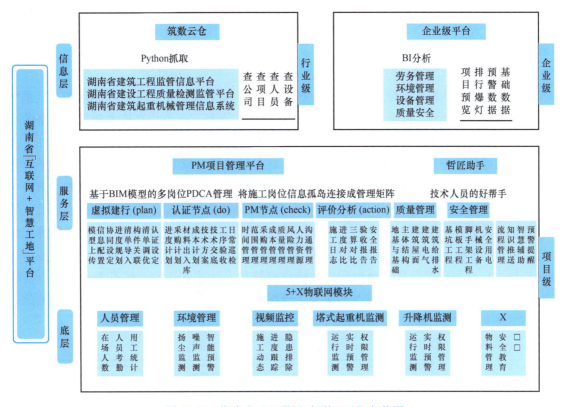

图10.34　湖南省"互联网+智慧工地"架构图

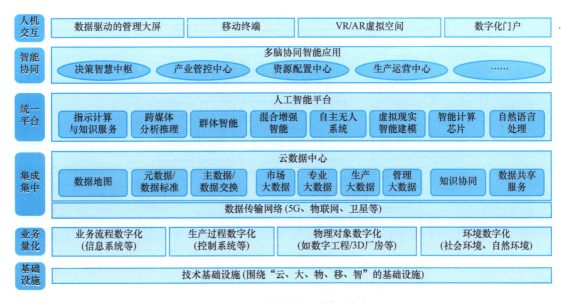

图10.35　企业智慧工地管理内容

行业级平台是面向于整个建筑行业的综合信息服务平台，主要应用于对项目和企业的监管。行业级平台由智慧工地现场管理系统、政府监管平台，以及相应的规划、标准和管理制度等构成，兼容市面上已有的感知设备和现场管理软件，以及湖南省相关部门已建立的信息系统中的数据。利用大数据收集、云计算技术对数据进行整理，实现任意检索企业、项目、人员和设备，自动比对数据、生成预警信息和排行榜，智能推荐知识库、信息化行业管理的功能。

3. 湖南省智慧工地推进的阶段性规划

以湖南省住房和城乡建设厅为首，其他各方为辅，发展推进智慧工地。近年来，一系列与智慧工地相关的规划、标准、指导意见和工作要求的发布，以及信息技术和智能装备的迅猛发展，为智慧工地管理平台建立提供了技术支持和实施条件。

湖南省智慧住建发展规划分为智慧管理规划和基础平台规划，而智慧工地监管平台是"智慧建设""工程项目动态监管平台"的重要组成部分。智慧工地的推荐总体原则：政府主导，政企分工，总体规划，一体化建设、分步实施。具体来讲：湖南省住房和城乡建设主导开展智慧工地监管平台建设总体规划、开展顶层设计、制定相关技术标准；湖南省住房和城乡建设主导推进和出台智慧工地监管相应的管理制度；在总体规划、顶层设计、统一技术标准的基础上，一体化建设省、地市、县三级政府智慧工地监管平台，试点先行、分步实施（图10.36）。建筑企业与施工现场建设智慧工地现场管理系统，部署智能感知设备，并按照政府制定的技术标准、管理制度接入智慧工地监管平台。

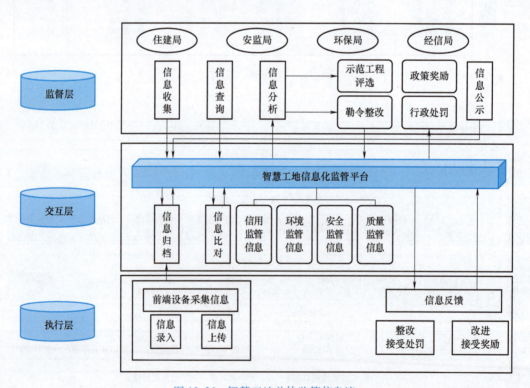

图 10.36　智慧工地总体监管信息流

目前智慧工地系统运用的智能技术大多局限于信息采集阶段，利用人工智能算法对建筑信息进行预测与评估、运用深度学习实现多目标决策等仍是智慧工地的技术发展方向。与此同时，实现智慧化管理与智能化技术的深度融合是推进智慧工地建设的重要方向。如何构建智能化的管理模式，通过智慧工地管理模式的应用提升全产业链竞争力，实现系统自动管理和辅助决策，进而推进螺旋式的自我学习和累计演进过程是可深入研究的方向。

参考文献

[1] 林子雨. 大数据技术原理与应用 [M]. 3版. 北京：人民邮电出版社，2021.

[2] 杜修力，刘占省，赵研. 智能建造概论 [M]. 北京：中国建筑工业出版社，2021.

[3] 李立飞，王长江，刘凯. 大数据在智能建筑中的应用 [J]. 智能建筑与智慧城市，2021（9）：140-141.

[4] 王成红，陈伟能，张军，等. 大数据技术与应用中的挑战性科学问题 [J]. 中国科学基金，2014，28（2）：92-98.

[5] 廖建新. 大数据技术的应用现状与展望 [J]. 电信科学，2015，31（7）：7-18.

[6] 王楠. 大数据在智能建筑中的智慧应用 [J]. 无线互联科技，2021，18（2）：68-69.

[7] 陈继兴，金宝云，赵普，等. 大数据在智能建筑中的智慧应用 [J]. 科技创新与应用，2020（32）：180-181.

[8] 马宇翔. 大数据在智能建筑中的应用 [J]. 中国设备工程，2021（6）：28-29.

[9] 穆永超，周志华，邹芳睿，等. 大数据在绿色建筑领域的探索与应用 [J]. 建筑技术，2020，51（1）：56-58.

[10] 梁培，刘畅，梁松. 大数据视角下建筑施工安全风险管理研究 [J]. 重庆建筑，2021，20（1）：32-34.

[11] 马国泽. 基于大数据的安全风险管理模型研究 [D]. 北京：中国地质大学，2017.

[12] 张辉辉，胡记文，李婷君. 移动通信发展史综述 [J]. 电子制作，2013（24）：114.

[13] YU H, LEE H, JEON H. What is 5G? Emerging 5G mobile services and network requirements [J]. Sustainability, 2017, 9 (10): 1848.

[14] 胡金泉. 5G系统的关键技术及其国内外发展现状 [J]. 电信快报，2017（1）：10-14.

[15] 王志成. 5G网络全球发展现状 [J]. 通信企业管理，2021（1）：6-11.

[16] 徐正先，朱哲. 5G移动通信技术特点及场景应用 [J]. 广播电视网络，2020，27（8）：36-37.

[17] 李巧玲，郭凯. 浅谈5G与智能建筑结合的应用场景 [J]. 智能建筑，2019（11）：26-27.

[18] ZHOU Y, LI L. The 5G communication technology-oriented intelligent building system planning and design [J]. Computer Communications, 2020, 160 (1): 402-410.

[19] 黄婧，蔡凤珍，刘雨婷. 5G技术在建筑施工中的应用探究 [J]. 四川建筑，2022，42（1）：53-55.

[20] 李牧. 5G技术在建筑工程检测中的应用 [J]. 居舍，2022（8）：169-171.

[21] 刘洋，陈晖，张蕾. 5G技术在建筑工程检测领域中的应用 [J]. 住宅与房地产，2020（30）：151.

[22] 沃尔沃建筑设备启动瑞典首个工业5G网络 [J]. 建筑机械，2019（4）：30.

[23] 薛殿威. 沃尔沃建筑设备公司率先使用5G无线技术测试机器 [J]. 今日工程机械，2019（2）：65.

[24] 雷永桂，庄学成，蔡跃群，等. 分析输变电工程建设智能施工技术 [J]. 电气技术与经济，2021（2）：30-32.

[25] 刘占省，刘诗楠，赵玉红，等. 智能建造技术发展现状与未来趋势 [J]. 建筑技术，2019，50（7）：772-779.

[26] 于云鹤，宋志飞. 智能建造技术发展现状与展望 [J]. 城市建筑，2021，18（15）：150-152.

[27] 李志远，陈欢欢. 3D打印建筑的设备与材料探讨 [J]. 建筑机械化，2018，39（11）：17-19.

[28] 罗毅. 3D打印建筑的应用与发展前景 [J]. 深圳职业技术学院学报，2020，19（1）：34-39.

[29] 赵晓夏，窦轲. 沙漠公路智能施工创新 [J]. 中国公路，2021（13）：28-29.

[30] 蒋小锐，刘建友，高宇宇. 京张高铁八达岭长城站智能建造技术 [J]. 铁道标准设计，2020，64（1）：

28-33.

[31] 吕刚，刘建友，赵勇，等. 京张高铁隧道智能建造技术［J］. 隧道建设（中英文），2021，41（8）：1375-1384.

[32] 白志斌. 沥青路面智能施工监控系统在开春高速公路的应用［J］. 广东公路交通，2021，47（4）：113-116.

[33] 崔小飞，张文昌. BIM技术在装配式建筑智能施工安装中的应用［J］. 智能建筑与智慧城市，2020（8）：128-130.

[34] 戴岳成. BIM技术在装配式建筑智能施工安装中的应用［J］. 新材料新装饰，2020，2（14）：119-120.

[35] 刘伟. 高速公路沥青路面施工中路面智能压实监控系统的运用［J］. 交通世界，2019（16）：42-43.

[36] 曾庆成. 公路路面智能压实监控系统在云湛高速公路沥青路面施工中的应用［J］. 公路交通技术，2018，34（4）：21-25.

[37] 马云飞，刘纪超，盛珏，等. 基于装配式建筑智能建造的思考与实践［J］. 住宅产业，2020（9）：43-49.

[38] 房雪芳. 建筑智能化系统工程施工项目管理［J］. 智能城市，2018，4（10）：108-109.

[39] 李炎，刘军辉. 路面智能压实监控系统在高速公路沥青路面施工中的应用［J］. 智能建筑与智慧城市，2021（4）：148-149+152.

[40] 曹海涛. 面向装配式建筑智能建造的思考与实践［J］. 智能城市，2021，7（23）：26-27.

[41] 王同军. 我国铁路隧道智能化建造技术发展现状及展望［J］. 中国铁路，2020（12）：1-9.

[42] 王志坚. 郑万铁路隧道智能化建造技术创新实践［J］. 中国铁路，2020（12）：10-19.

[43] 于云鹤，宋志飞. 智能建造技术发展现状与展望［J］. 城市建筑，2021，18（15）：150-152.

[44] 吴纪飞. 装配式建筑智能化施工技术在建筑工程施工管理中的应用［J］. 智能建筑与智慧城市，2021（11）：105-106.

[45] 胡雅婷. 装配式建筑智能施工安装中BIM技术应用［J］. 大科技，2020（40）：263-264.

[46] 常彬. 装配式建筑数字化智能建造技术研究与应用［J］. 安装，2023（S1）：236-237.

[47] 瞿民江. 基于智能建造的装配式建筑施工关键技术研究与应用［J］. 砖瓦，2023（11）：155-157.

[48] 付慧星. 装配式混凝土建筑的数字设计与智能建造［J］. 江苏建筑，2022（3）：57-58.

[49] 易晓龙，李芬芬. 非线性建筑设计中参数化设计方法的实践探索［J］. 中国住宅设施，2023（8）：60-62.

[50] 刘晓燕，王凯. 基于BIM的建筑性能化分析实践：绿色节能分析为例［J］. 土木建筑工程信息技术，2015，7（1）：14-19.

[51] 赵晓琴. 一种新型支架BIM智能设计方法［J］. 中华建设，2019（10）：134-135.

[52] 刘江，王卿，韩战洋. 装配式钢结构住宅标准化设计方法［J］. 四川建材，2023，49（1）：51-53.

[53] 田曼丽，王杰，刘宇，等. 浅析数字化时代"智慧工地"的建设［C］//中国图学学会建筑信息模型（BIM）专业委员会. 第五届全国BIM学术会议论文集. 北京：中国建筑工业出版社，2019：5.

[54] 翟浩博，任宝双，陈洪敏，等. 房建施工机器人的应用及展望［J］. 施工技术（中英文），2023，52（23）：20-26.

[55] 左然芳，董阳，王霞，等. 混凝土3D打印技术研究进展与应用现状［C］//中冶建筑研究总院有限公司. 2022年工业建筑学术交流会论文集. 工业建筑杂志社，2022：5.

[56] 黎家昕，王金晶，吴连铭，等. 3D打印技术在建筑行业的研究、应用现状与展望［J］. 科技风，2022（11）：78-83.

[57] 李念勇. 互联网技术在建设工程过程管理中的应用［J］. 建设监理，2017（4）：59-61.

[58] 陈楠. 基于互联网+的"智慧工地"在建筑工地上的应用［J］. 城市建设理论研究（电子版），2023

(35): 226-228.
[59] 刘伟丽, 刘宏楠. 智慧城市建设推进企业高质量发展的机制与路径 [J]. 深圳大学学报（人文社会科学版）, 2022, 39 (1): 95-106.
[60] 詹达夫, 郑智珂, 施雨恬, 等. 建筑机器人技术应用及发展综述 [J]. 建筑施工, 2022, 44 (10): 2474-2477.
[61] 何琼芳. 智能建筑机器人与施工现场的结合探讨 [J]. 工程技术研究, 2023, 8 (23): 125-127.
[62] 屈挺, 张凯, 罗浩, 等. 物联网驱动的"生产-物流"动态联动机制、系统及案例 [J]. 机械工程学报, 2015, 51 (20): 36-44.
[63] 宋玉. 物联网现状与研究前景 [J]. 科技视界, 2013 (32): 93-94.
[64] 齐航. 5G 技术在物联网时代的应用 [J]. 智能建筑, 2019 (11): 16-17.
[65] 邱秀荣, 朱景芝. 物联网技术在日常生活中的应用 [J]. 物联网技术, 2019, 9 (1): 61-62.
[66] 陈根. 数字孪生 [M]. 北京: 电子工业出版社, 2020.
[67] 陆剑峰, 张浩, 赵荣泳. 数字孪生技术与工程实践 [M]. 北京: 机械工业出版社, 2022.